監修者――五味文彦／佐藤信／高埜利彦／宮地正人／吉田伸之

［カバー表写真］
上：崩壊の危険にさらされている沖縄の珊瑚礁
下：鉱業生産を優先させた公害の象徴、足尾銅山

［カバー裏写真］
絶滅が心配されるベンガルトラ

［扉写真］
四日市公害(1972年)

日本史リブレット 63

歴史としての環境問題

Mototani Isao
本谷 勲

目次

二十世紀経済繁栄の陰で

環境問題というのは現在進行形の社会問題である。

一九八〇年代から公害《こうがい》は終ったというキャンペーンが財界からだされ、当時の環境庁も環境問題は地球環境問題の時代に突入した、という見解を発表した。地球温暖化物質▲の増大、大気中のフロンガスの増大と成層圏《せいそうけん》のオゾン層の破壊、熱帯林の消失などが、世界的な規模で進行していたことは事実である。

環境問題は顔付きを変えながら、なくなっていないという意味で、現在進行形と受け取る人もいるだろう。

しかし、本書では公害はなくなっていない、という見解をとる。したがって公害に加えて自然破壊という新規の(根源的には以前からあったのだが)問題が多

▼**地球温暖化物質**　世界各地における気象観測から、年を追っての平均気温の上昇が疑われている。大気中の二酸化炭素濃度の上昇と相関があり、地球温暖化物質として人為的な二酸化炭素生成の削減が国際的な問題となっている。二酸化炭素のほかフロン・メタンなども温暖化物質とされる。大気中の温暖化物質は温室のガラス屋根のような効果をもち、太陽からの輻射線《ふくしゃせん》はとおすが、それらが地表で反射してできる赤外線の通過を妨げるために、地球表面の温度がさがらない結果をもたらす。

くの人びとの目にとまるようになった、という意味で、現在進行形というのである。

政府・財界の主張とは異なるが、公害はなくなっていない、という認識が重要であることを強調したい。公害は潜在化し、大規模化している。廃棄物の焼却に由来するダイオキシン汚染《おせん》や環境ホルモンの登場がそれを物語っている。公害とはなにか、についてはすぐあとでふれよう。

環境問題は社会問題であるという認識もまた重要である。失業問題、高齢化問題、少子化問題、医療問題などとならぶ社会問題であるという認識である。環境というと社会の彼岸の問題、自分の問題ではないという錯覚がある。あるいは汚染物質や廃棄物など化学や技術の問題だという感じですませている傾向がある。学会における研究発表も自然科学や技術的な内容が圧倒的に多い。たしかにフロンやダイオキシンやSPM▲(浮遊《ふゆう》粒子《りゅうし》状物質)などというと、物理学や化学の知識がないと理解できない面はある。また、それらの測定や防止対策となると、科学や技術が前面にでることは事実である。

しかし、汚染を引き起こす由来は大量生産・大量消費からきていることを考

▼SPM　浮遊粒子状物質のこと。大気中に浮かぶ直径一〇ミクロン(一ミクロンは一〇〇万分の一ミリ)以下の微粒子。ディーゼルエンジンの排気に含まれる炭素を主体とするDEP(ディーゼル排気微粒子)のほか焼却場や工場の煙、道路粉塵などに由来する。とくにDEPに多い直径二・五ミクロン以下の超微粒子状物質は呼吸器疾患の原因物質として、現在、排気からの除去が注目されている。

えれば、そして環境汚染の状況は一般に中級の発展途上国に激しいことをみれば、そこには社会のあり方が決定的な要因になっていることが明白である。したがって、環境問題の根本的な克服のためにも、環境問題を社会問題と認識することが重要である。

一九五〇年代末から六〇年代にかけて、毎日の新聞に公害の記事が載らない日がないという時期があった。私たち、日本人は公害を通じて環境問題に直面することになった。少なくともそのような日本の社会にあっては、環境問題とは公害と自然破壊のことである。

ここで公害とは人間の生命・健康・財産に危害がおよんだ環境問題のことであると定義しておこう。一方、自然破壊とは地形や景観の破壊・劣化もあるが中心は野生動植物の消滅のことである。

公害とは具体的な事例である大気汚染・水質汚濁・騒音・振動などを例に考えれば、環境の汚染が主体であることがわかる。英語では公害に該当する問題はpollution（汚染）と呼ばれる。

それらの危害が人間の生命・健康・財産におよんだ場合を公害と呼んでいる。

日本ではあとで詳しく述べるように一九五〇年代からイタイイタイ病、水俣《みなまた》病、四日市《よっかいち》ぜんそくなどが公害の典型として社会的な関心を集めた。

自然破壊は野生動植物に危害がおよんだ環境問題だが、日本では公害に関心が集中し、野生生物への危害は一部の自然愛好家のあいだで問題視されるにとどまっていた。しかし、一九七〇年代にはいるとスウェーデンのストックホルム市で開催された国連人間環境会議などに触発されて自然破壊の危害に関心が集まるようになった。欧米においてはむしろ野生生物における異変は早くから注目されていた。

歴史とは「過去の出来事を吟味する」というイメージがつきまとう。そこから現在進行形である環境問題を歴史としてとらえるのは矛盾ではないか、という疑問がでるかもしれない。

冒頭に述べたように環境問題は現在進行形の社会問題であるから、局面の後退・進展が錯綜し、逐次報道される情報からは、すぐに正しい姿がわかりにくい。しかし、歴史として、すなわち、やや長い時間にわたってその全貌をみると、環境問題の実態や本質がよくわかってくるものである。歴史に期待するゆ

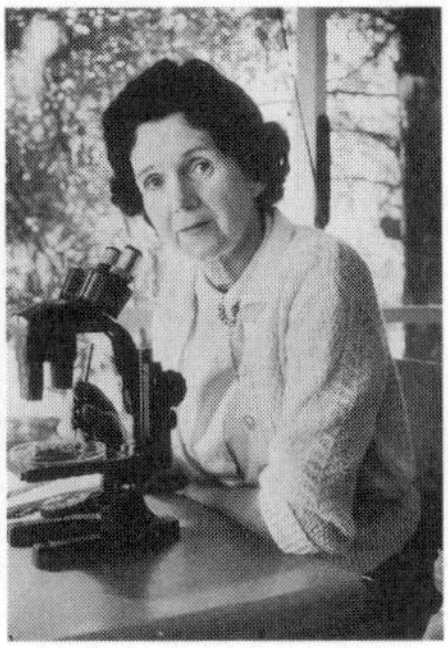

●――レイチェル＝カーソンと『サイレント・スプリング』　アメリカの海洋生物学者で海の解説者。有名なマリンスノウという言葉はカーソンによる。海底に立つと、プランクトンの死骸が「小止みない雪降り」として落ちてくることを述べた。一九六二年『サイレント・スプリング』（邦訳『沈黙の春』）を発表。

えんであるのだ。

本書では、環境問題の歴史といった場合、それは近代以後の現象であると考える。したがって縄文人《じょうもんじん》の廃棄物である貝塚《かいづか》を環境問題の歴史に取り入れるつもりはない。イギリスにおいては産業革命から、日本においては足尾《あしお》事件・別《べっ》子《し》事件からの問題といってよいだろう。

起源をたずねると以上のようだが、環境問題が社会問題として注目を集めたのは、二十世紀のそれも後半の経済発展にともなってのことであった。実に環境問題は経済発展と切り離して考えることはできないのである。この章の表題を「二十世紀経済繁栄の陰で」としたのはこのような観点によるからである。

日本の戦後（太平洋戦争後）の経済発展には世界が目を見張る華々しさがあったが、同時に世界に冠たる公害を引き起こした。今、発展途上諸国の経済発展がめざましいが、そこではかつての日本と同様、公害問題が噴出している。

経済発展に公害がつきものなのは何故か？　経済発展の追求に性急なあまり、社会と自然の全体に目配りが欠けているからである。生産効率の向上には投資をしても、生産過程の安全性、生産にともなう廃棄物の適正処理、労働者の賃

●―チェルノブイリ原子力発電所の事故（一九八六年）

金などに対しては、コストが高くなるとしてこれを切り下げたからである。したがって経済優先の発展は必然的に公害・自然破壊を通じて地域住民に損害をあたえただけでなく、開発企業自体の労働者の人権をも抑圧する側面をたえずともなっていた。

社会と自然の全体の歴史的な推移に目を向けると、経済発展の恩恵は財界、族議員、高級官僚、企業上層部だけにもたらされ、庶民と呼ばれる地域住民や労働者にはわずかな配分しかない事実、地域住民によっては生命・健康の被害のみという場合も少なくなかった事実が浮かび上がってくる。

さて、一九八〇年代になると「公害は終った」というキャンペーンが政府・財界から強調されたことがあった。それは公害に限ってはその企業責任を認めるかわりに、そのころから国際的に関心が高まってきた地球環境問題を強調して、これについては全人類が責任をもつべき課題であるとして、社会の関心を誘導しようとした財界・政府の戦略であった。

一九八六年四月に勃発した当時のソビエト連邦のウクライナ共和国にあるチェルノブイリ原子力発電所の事故は、死亡者の数、直接被害の規模、地球規模の放射能汚染の巨大さから世界の人びとに地球環境問題の重要さを強く印象づけた。

さきに述べたが、ここにいう環境問題とは公害と自然破壊のことをさしている。もっとも公害とはすぐれて日本的な名称で、世界的には汚染と呼ぶほうが適当であろう。公害の実体は環境汚染だからである。また、自然破壊とは地形や地物の破壊のような非生物の破壊も含まれるが、その主体は野生生物の消滅なので、野生生物の消滅という呼び名のほうが適当かもしれない。

ここで大事なことは環境問題と環境を混同しないことである。どういうことかというと、環境問題というのは社会問題であり、環境というのは自然科学的とくに生態学的な概念であって、両者は環境という文字で重なる領域がないではないが、本質的には別々の概念であることを肝に銘じたい。

混同の表れは、たとえば環境問題教育（あるいはかつて一部の先生方が用いた公害教育）であるはずなのに、環境教育としているところに、環境問題に対して児童・生徒に関心を正しく起こさせることをしないで、温度や水・光条件など植物の環境の学習をさせるような教育内容の混乱がみられることである。

環境問題であるか否かは、人間の発展とどうかかわるかという基準に従っている。人間の発展をもたらすか否かで判断されるべきだと考える。当然、人間の発展を否定する環境のうえでの問題が環境問題なのである。

ここで人間の発展というのは人間の本来的な発展である。人間社会の利便性が向上すれば、野生動植物は人間ではないのだから消滅しようがかまわないというような狭い視野の人間の発展ではない。人間の本来的な発展とは野生動植物との共存を内蔵するものである。したがって歴史としてみるからには、人間の将来をどう展望するかにかかわってくる。それについては③章の課題で詳しく述べる。

さて、人間と環境、あるいは人間と自然とのことを論ずる場合、環境破壊や自然破壊は人間の行為が原因だ、ということがしばしばいわれる。野生生物の側からみればあるいはそうであろう。しかし、人間社会のあいだで人間の行為が原因だ、といわれる場合、自分たちを人間一般と一色に塗りつぶしてはならない。人間一般と一色化することによって、環境破壊や自然破壊の原因が曖昧にされるからである。

人間一般である市民ないし庶民と、国の動向を左右している支配階級とを峻別する必要があると考える。公害や自然破壊は市民ないし庶民である人間一般によって引き起こされたのではない。主たる責任は企業や開発業者および監督官庁の官僚、族議員、これらを束ねる財界という支配階級にあることを明らかにしなければならない。市民ないし庶民である人間一般は公害の事例でも明白なように環境問題の被害者であった。

今日でもアフリカを例にとれば、アフリカの野生動物への圧迫は現地のアフリカ人一般であるかのような報道がしばしばなされる。ブッシュ・ミートとして野生動物を狩ったり、農耕や牧畜のために野生動物の生息地を略奪しているといったたぐいの報道が跡を絶たない。現象はそうかもしれないが、現地住民をしてそうさせているのは社会の仕組みである、少数の金持ちの土地支配や旧《きゅう》宗主国《そうしゅこく》の白人による経済支配などなどの矛盾を解決しなければ、野生動物への圧迫は根絶されないことを認識する必要がある。

歴史においては、支配者のみが登場して庶民のことはふれられない傾向がままあるが、公害や自然破壊の歴史においては人間一般に責任を解消させてはならない。支配階級の責任を明確にする必要がある。

本書の構成について断わっておきたい。

環境問題の歴史といった場合、歴史としてのまとまりを考えれば、公害と自然破壊、ないしは汚染と野生生物の消滅とを一体のものとして、これを時間軸にそって記述するほうが正しいのかもしれない。しかし、筆者は環境問題そのものが歴史的な発展をしている最中にあると考えているので、それではかえって、話題が混乱し、理解されがたいおそれが多分にあろうと予想される。

そこで本書では、社会における現実的な対応に従って、「公害ないし汚染」を①章とし、「自然破壊ないし野生生物の消滅」を②章として分けることにした。さらに環境問題が歴史的な発展をしていることを反映させて、この問題に対する社会の対応、すなわち、制度の進展や思想の深まりを③章とした。

①—汚染の拡大

汚染を考える

汚染《おせん》とはなにか? を定義するのはかなりむずかしい。

人間社会を含む自然界は、たえまなく物質交替▲(物質代謝《たいしゃ》)を行うという特徴がある。むしろ自然界は物質の交替によって成り立っているともいえる。汚染はその物質交替の異状な事例の一種とみることができよう。人間社会は自然のなかに存在するが、人間社会は自然とのあいだで物質交替を行っている。見方によっては人間社会は自然との物質交替によって成り立っている。

人間社会から自然への排出という過程において否定的な現象として発生するのが汚染である。ついでにいえば、自然から人間社会への流入の過程でしばしば問題になっているのが資源の欠乏であろう。

感覚的ないい方になるかもしれないが、汚染とは人間社会や自然にとって、不都合な物質交替現象なのだといえる。

汚染を端的にあらわす表示もなければ単位もない。大気でいえば亜硫酸《ありゅうさん》ガ

▼**物質交替**　物質代謝ともいう。生物に欠かせない基本的な働きの一つ。生物はたえず外界からその生物の構成分でない物質を取り入れ、構成分とならない物質を外界に排出している。この働きを物質代謝という。動物の食物は自分の体ではない他の種類の生物であり、尿は使用済みの物質である(糞は不消化物で体内通過である)。

スや酸化窒素《さんかちっそ》ガスなど、水質でいえばCOD▲(化学的酸素要求量)やBOD▲(生化学的酸素要求量)など、多くの汚染に存在するいわば代表物質に肩がわりさせて表示しているにすぎない。

しかし、汚染とは基本的には人間社会の行為によって、ながいあいだの自然界の物質交替にはなかった物質が自然界に負荷され、かつ、その物質が人間社会や自然にとって不都合であることをさしているようだ。

たとえば近年、日本全国の各地にみられる酸性雨《さんせいう》▲がいい例である。工場や自動車における燃焼によって生ずる窒素酸化物や、それがさらに太陽光によって変化した物質が雨に溶けて酸性雨となる。

また、火山活動によって大気や水域や土壌にそれまでに通常はなかったような物質が負荷されることもある。火山活動による環境への異物質の負荷を自然汚染と呼ぶこともある。

同時に、人間社会の活動によって大気中に水蒸気が盛んに放出されても、汚染とはいわないだろう。自然界の物質交替として水蒸気は普通のものだからである。一方、熱の放出の方はヒートアイランド▲などと呼ばれて熱汚染とみなさ

▼**COD**　水の有機物による汚染の指標の一つ。酸化性の試薬の消費量ではかる。日本では過マンガン酸カリを試薬として用いる。過マンガン酸カリ溶液は紅紫色をしており、一定条件のもとで水中の有機物を酸化すると、みずからは脱色する。これを目安に過マンガン酸カリ溶液の消費量をもって有機物量を測定する。

▼**BOD**　水の有機物による汚染の指標の一つ。有機物はバクテリアなどに利用され、その結果、水は酸欠になる。酸欠のような水の不良状況を推定するのに向いている。一定容量のビンに試水を詰め、一定温度下・一定時間(通常五日間)前後の水中の溶存酸素量の差から求める。

▼**酸性雨**　石炭や石油などの化石燃料を多量に燃焼することにより、大気中に放出された硫黄酸化物や窒素酸化物などが原因となっ

れる。局地の物質交替（この場合、熱）の速さを上回る集中的な熱の放出の結果、人間社会や自然に不都合が生ずるからである。

　自然の条件が汚染を強化している場合がある。盆地や谷地形のように凹地になっている地形においては、上下の大気の交換が悪く接地逆転層▼がよく起き、地表の大気汚染物質が上空に拡散しにくいことがしばしば生ずる。

　汚染であるか否かには規模も関係する。貝塚《かいづか》は縄文人《じょうもんじん》の廃棄物にちがいないが、廃棄物とみなされないのは、規模が小さいからであろう。したがって、廃棄物が汚染として社会的に注目されるのは、近代になってからのことのようである。イギリスでは産業革命以後、日本では明治時代以後のことである。汚染の規模が大きくなり、社会問題化したからである。

　ところで、本書では汚染を大気、水域、土壌、人体と分けたが、あくまで便宜的である。環境汚染は複合的である場合が多いのだが、私たちは複合したままでは認識しにくい。対象を限定することで状況の把握や汚染の質や程度の把握も可能となる。ただし、実際には対象を限定したくらいではなかなかアプローチはしがたい。たとえば水域といっても川と池沼と海ではかなり水域の性

て生じた酸性の強い雨のこと。酸度はpHであらわされ、pH7が中性、レモンの汁はpH3とされる。日本の雨はpH5〜6が多く、pH3・8という記録もある。

▼ヒートアイランド　都市の中心部は郊外に比べて気温が高い。等温線を描くと都市の中心部は海のなかの島のようにみえるところから「熱の島」と名づけられた。冷暖房など熱の放出が大きいこと、コンクリートやアスファルトが太陽熱を蓄積することなどが原因とされる。

▼接地逆転層　気温は上空にいくほど一定の割合で低下しているのが普通だが、晴天で風が弱い夜間に放射冷却が強いと、地表の熱が奪われて上空の気温が地表より高いことがある。このような上下の温度分布を接地逆転層といい、大気汚染物質は下層に閉じこめられる傾向がある。

格が異なる。さらにアプローチの仕方も地質学的・化学的・生物学的といった科学の分野の違いからする手法や理解の違いもあるからだ。

もう一つ便宜的なことは四日市《よっかいち》ぜんそくは大気に、イタイイタイ病と水俣《みなまた》病は水域にいれたことである。いずれも人間の命と身体に障害をあたえたのだから、人体汚染の章にいれるべきだ、という理屈も成り立つ。しかし、ここでは人体汚染は薬害のように汚染が環境の媒介なしに直接人体におよんだケースをあてた。四日市ぜんそくはいろいろな汚染物質が大気中で混合し、場合によっては大気中で化学反応を起こすなど大気という場に特徴があると考えて、大気汚染にいれた。

水俣病の場合は排水中の無機《むき》水銀《すいぎん》が微生物の作用で有機《ゆうき》水銀に変化し、有機水銀は生物体に取り込まれやすく、かつ、排出されがたいことから、プランクトンなどに取り込まれ、これを食べた小動物をさらにより大きな動物が食べることによって、人間が食べるような大きな魚などに集積し、人間のような食物の連鎖の頂点に立つ動物に害作用を起こした。この点で水域に汚染の特徴があるので、水域汚染にいれた。

大気の汚染

近代社会は工業の発展によって特徴づけられる。農業などと異なり、工業は集中的な物質の交替(代謝)を基盤としている。そこから工業化とともにすなわち、近代社会の始まりとともに、環境汚染が始まった。

大気の汚染として名高いのはイギリスのロンドンやアメリカのロサンゼルスのスモッグであろう。「霧《きり》の都《みやこ》」と呼ばれたロンドンのスモッグは十九世紀から二十世紀の中ごろまで、大都市ロンドンへの人口の集中と、それにともなう家屋の密集、暖房の石炭の使用の増大が、石炭に含まれた硫黄《いおう》が燃焼によって二酸化硫黄(亜硫酸ガス)になり、汚染された大気を呼吸した人びとの呼吸器をおかし世界的に有名となった。

これに対してロサンゼルスの場合は、一九四〇年ごろは古いタイプの降下煤《ばい》塵《じん》として、四三年ごろからはスモッグとしてあらわれた。スモッグはロンドンの大気汚染に対して名づけられた名称で、汚染の主体はさきに述べたように二酸化硫黄であった。ロサンゼルスにおいては、イギリスの経験から汚染物質として二酸化硫黄が考えられ、放出の削減に努力が集中した。その結果、一九六〇年ごろには二酸化硫黄は戦前のレベルにまでさがったが、スモッグは解消しなかった。研究が進むにつれ、窒素酸化物▲とガソリンからの廃棄物にまざっている有機物（ＨＣ）が光化学《こうかがく》反応によって生ずる「光化学スモッグ」が実態であることがわかった。すなわち、工場からの排気とともに自動車の排気汚染がクローズアップされたのである。

公害《こうがい》という言葉そのものは意外と古い。早稲田大学の北山雅昭教授のご教示によると、明治二十四（一八九一）年九月七日付でだされた警達第四九号「諸製造場取締心得」の第一条に「凡《およ》ソ製造場ノ取締ニ付テハ未タ完備ノ規則ナキニ依《よ》リ宜《よろ》シク平日ノ注意ト実際ノ査察《ささつ》ヲ以《もっ》テ勉《つと》メテ公害ヲ予防スヘシ」とある。

一九七〇年代、日本の環境破壊は公害と呼ばれ、当初は公害という名称は不適当だとする議論もあったが、今や定着した。大阪市立大学の加藤邦興教授によれば、公害とは人間の生命・健康・財産にまで被害をおよぼす環境問題と定義することができる。

「四日市ぜんそく」「イタイイタイ病」「熊本水俣病」「新潟水俣病」の被害者が提起した裁判を四大公害裁判というが、いずれも原告が勝訴し、国の行政や企業

▼**窒素酸化物**　大気汚染物質の代表的な一つ。焼却や自動車・飛行機などのエンジンにおける燃焼により大気中の窒素と酸素が結合して発生する。窒素と酸素の結合割合によって一酸化窒素、二酸化窒素、過酸化窒素などの種類があり、ＮＯｘで総括する。直径一センチ、長さ五センチほどのカプセルを用いて二酸化窒素の量を簡易測定する大気汚染測定運動が日本で定着している。

の操業に反省をもたらし、国民の環境への関心を高めた。

一九八〇（昭和五十五）年以降、財界や政府はもはや公害は終ったと言明する。かわって地球環境問題が深刻になっているが、それは市民の生活のレベル・アップに由来すると主張し始める。これは二重の誤りといわなければならない。第一は公害は終っていないこと。第二は地球環境問題が深刻になっていることは事実だが、由来は人間一般の生活の向上にあるのではなく、企業の競争的な生産過剰にあることである。その意味で公害の認識は、今日なお重要であるといわなければならない。

四日市公害

三重県四日市市は一九五五（昭和三十）年に石油コンビナートが建設され、五八（同三十三）年操業が開始されるにおよんで、伊勢湾《いせ》でとれる魚に油臭が強く苦情が続出した。さらに、一九六一（昭和三十六）年ごろから地域の住民のあいだに気管支ぜんそく様の呼吸困難を訴える患者が急増するようになり、「四日市ぜんそく」と呼ばれた。

四日市訴訟の原告は公害病認定患者と遺族で、被告は石油コンビナート六社

●──**四日市公害**　三重県四日市における石油コンビナートによる大気汚染としてあまりにも有名。

煙を吐き続ける四日市コンビナート　住宅と工場が混在して当初から公害が予想されていた(1972年)。

四日市公害訴訟で，原告勝訴により喜びを語る原告の１人，野田之一さん(1972年７月24日)

である。一九七一(昭和四十六)年二月に結審し、同年七月原告勝訴となった。

大気汚染物質は一〇〇種類以上あるとされるが、おもなものは粉じん・硫黄酸化物・窒素酸化物・オキシダント・炭化水素などである。

コンビナートによる公害は四日市市にとどまらなかった。岡山県水島《みずしま》、京浜《けいひん》・京葉《けいよう》工業地帯など、重化学工業地帯にいろいろな規模で出現した。また、大阪・川崎《かわさき》のように道路公害と重複する場合も少なくなかった。

道路公害

裁判を通じて四大公害問題の企業責任が明らかになり、補償が問われた一方で、一九八〇年代には企業の排出抑制の技術改良が進展したが、その実際の貢献は過渡期にあり、企業公害は終ったわけではない。同時に、高速自動車道をはじめ道路の建設が大々的に進展し、それとともに、貨物は従来の鉄道中心の輸送から自動車輸送へ転換されるようになり、沿道を中心とする自動車公害が激増するようになる。

鉄道はおもな鉄道網はできあがっており、新幹線を別にすれば、あらたな建設事業の見込みはいたって少ない。自動車生産の一層の増大をめざす自動車工業会と事業の継続と拡大をめざす土木建設業の思惑は道路建設に将来の展望をみいだした。その道路建設の特徴は、庶民の要求にそった生活道路の整備というような小規模のものではなく、高速自動車道を中心とする全国幹線道路建設であった。

自治体も高速自動車道路建設を歓迎し、マイカーの所有を夢みた庶民もドアー・トゥ・ドアーのキャンペーンにつられて、これを支持した誤りもあった。

自動車公害の中心は騒音と大気汚染である。騒音は今後の大きな課題となるが、大気汚染はすでに呼吸器疾患の増大として沿道住民を苦しめた。これらの代表例に西淀川《にしよどがわ》公害と川崎公害があげられる。

西淀川公害では、一九七八(昭和五十三)年、関西電力、製鉄企業など一〇社と道路公害の責任者として国・阪神高速道路公団などを相手に、患者らが損害賠償と汚染物質排出差止めを求め、西淀川大気汚染公害裁判を起こした。一九九一(平成三)年の大阪地裁の判決において、被告企業らの共同責任は認められたが、道路公害は認められなかった。一九九五(平成七)年原告と企業のあいだに和解が成立したが、国と公団は訴訟を継続した。その後大阪地裁は複合大気汚染による健康被害と認定、国と公団に対して六五〇〇万円の賠償を命ずる判決をだした。一九九八(平成十)年大阪高裁で原告と国・公団は和解し、賠償金を放棄するかわりに排ガス対策を約束させた。

神奈川県川崎市の南部地域は、臨海工場群と東西方向の幹線国道およびこれらと直交する道路群に挟まれて一九五〇年代から果樹の被害、患者の発生があった。一九七八年公害病認定患者の死亡数が三〇〇人に達し、翌七九(昭和五十四)年には公害病認定患者総数は四〇〇〇人を超えた。原告は一九八二(昭和五十七)年、第一次川崎公害訴訟を起こし、加害企業と国・首都高速道路公団を被告として提訴した。翌一九八三(昭和五十八)年には第二次提訴、八五(同六十)年には第三次提訴、八八(同六十三)年には第四次提訴を行った。一九九四(平成六)年第一次訴訟では、加害企業に勝利する判決がくだされ、道路公害には敗訴した。一九九六(平成八)年に加害企業とのあいだで和解が成立し、九七(同九)年二次~四次訴訟は結審、九八年二次~四次訴訟で道路公害を断罪、原告が勝利した。一九九九(平成十一)年国・公団とのあいだで全面勝利、和解が成立した。

水域の汚染

日本には昔から「三尺《しゃく》(約一メートル)流れれば水清し」という言葉があった。河川の自浄能力を示したものと理解されるこの言葉の背景には、日本は雨量が多く、水が豊富であったから、地上の汚れは雨によってたえず洗い流されるという実態があった。そして永年にわたる日本特有の水環境は、人びとの意識の底にさきの言葉を根付かせた。

また、日本人は極度に汚れをきらう傾向があり、身辺の清潔さを心がけた。水の豊富さと日本人の清潔好きから人間社会からの汚物の排出は長いことうまく調整されていた。

徳川家康《とくがわいえやす》によって江戸開府《えどかいふ》が行われたころ、江戸城は江戸湾(東京湾)のすぐ沿岸にあった。日比谷《ひびや》という地名のヒビとは海苔の養殖の際に海のなかに差し立てる竹竿《たけざお》のことで、そのヒビがたくさんある谷だから地名になったという。江戸の下町《したまち》は低湿地や海を埋め立てて造成された。だから山の手台地のように井戸を掘れば良質の真水(淡水)がえられるというわけにはいかなかった。小石《こいし》川《かわ》上水・神田《かんだ》上水▲・本所《ほんじょ》上水が開削されたが間にあわず、一六五三(承応《じょうおう》二)年

▼**神田上水**　もと小石川上水と呼ばれた。日本最初の上水道で千《せん》川《かわ》上水・玉川上水とともに江戸三上水の一つ。徳川家康の命により、一五七三(天正《てんしょう》元)年以降開設された。現在の武蔵野《むさしの》市井《い》の頭《がしら》池に発し、現在の杉並《すぎなみ》区善福寺《ぜんぷくじ》池および同区妙正寺《みょうしょうじ》池の水をあわせ、目《め》白台《じろだい》、小日向台《こびなただい》の裾をとおって水《すい》道橋《どうばし》付近から神田・京橋《きょうばし》・日本橋《にほんばし》方面に給水した。

▼**玉川上水**　三代将軍家光《いえみつ》が定めた参勤交代《さんきんこうたい》制にともない、江戸の人口が急増し、水が不足した。四代将軍家綱《いえつな》のとき、命じられて玉川庄右衛門《しょうえもん》・清右衛門《せいえもん》兄弟が西多摩《にしたま》郡羽村《はむら》において多摩川から取水、武蔵野台地を東に向かう堀をつくった。着手は一六五三(承応二)年四月、完成は翌年の十一月というスピード工事であった。現在は上水道としての役目は取入

れ口である羽村から立川市砂川《すながわ》七番までで、水は多摩湖へ導かれている。しかし、それより東の水路もたとえば小平《こだいら》市・小金井《こがねい》市その他のように樹木の生い茂る緑地として守られている。

●——玉川上水羽村堰

から約二年の歳月を費やして四三キロにおよぶ玉川《たまがわ》上水▲が開削される。玉川上水に接続された石や木材でつくられた地下の樋管《ひかん》が網の目のように張りめぐらされ、大名《だいみょう》屋敷や長屋《ながや》の引込み井戸に接続されていた。

明治期以降、近代産業は生産の増大を性急に指向するあまり、生産にのみ熱心で、騒音・排出物など生産にともなう周辺の問題に無関心だった。加えて「三尺流れれば水清し」の心情に支えられて、生産の場からの汚物は河川に垂れ流された。

太平洋戦争以前は生産能力の限界からこのような水域の汚染はいまだ局地的であった。しかし、太平洋戦争以後、世界が瞠目《どうもく》した経済発展は各種の重化学工業が主体であり、汚物の排出は河川の自浄能力のレベルを突き破り、各地に水域の汚染をもたらした。

一九六〇年代、日本各地の都市河川、都市近郊の池沼はドブ川・ドブ沼と呼ばれる水質の汚濁にみまわれた。東京の墨田《すみだ》川などでは、電車が鉄橋を渡ると開放した窓から腐ったタマネギのような臭いが電車内に立ちこめるほどであった。

企業の排水規制と都市下水道の普及により、二十一世紀の現在は一九六〇年代の極端な水質汚濁は減ったが、一九六〇(昭和三十五)年当時は都市から離れ清冽な水をたたえていた川や湖が今やなくなり、日本の河川・湖沼は一様に富栄養化した。同時に日本近海の富栄養化も進展した。富栄養化というと聞えはいいが軽度の汚濁化である。日本近海においては以前の漁獲が保証されず、日本の漁業は沖合漁業に転じ、現在はそれも不漁で公海漁業が主体になっているが、陸地の汚染物質が雨に洗われて沿海に蓄積したことが原因である。

イタイイタイ病

富山県神通《じんつう》川流域において、腎臓の障害、骨がゆがむ、骨にひびがはいるなどの病気が発生した。患者が「イタイ、イタイ」と叫ぶので、それが病名にされ、初めのうちは風土病とみなされた。

しかし、医師の萩野昇《はぎのノぼる》・吉岡金市《よしおかかねいち》・小林純博士らは、一九六〇年、イタイイタイ病の原因は神通川上流にある三井金属神岡《かみおか》鉱業所から流れでた鉱毒水であると発表し、一九六八(昭和四十三)年一月、患者と遺族は三井金属鉱業を相手どり、損害賠償請求訴訟を起こした。同年五月、厚生省(当時)は鉱毒水原因説

●──**イタイイタイ病**　カドミウム汚染による世界はじめての大きな被害。2004(平成16)年現在，カドミウム公害が起きている国がある。

発生の中心地域となった富山市(旧婦《ふ》中《ちゅう》町)の水田地帯(1967年)

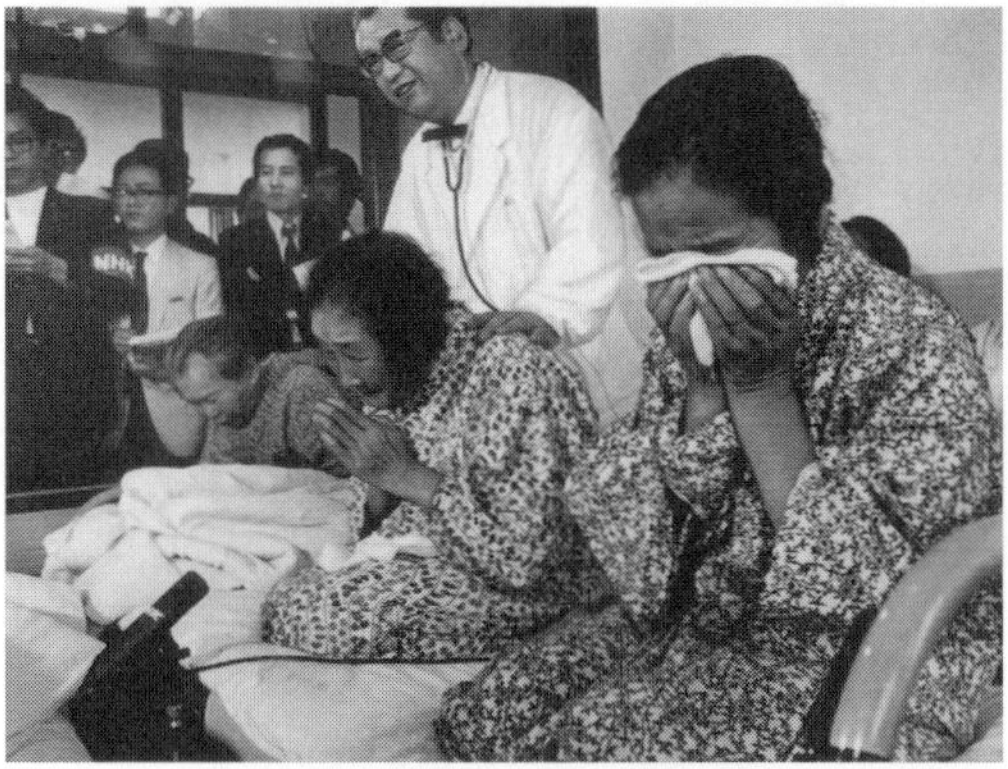

富山地裁での患者側勝訴を萩野医師から知らされ，思わず合掌する入院患者たち(1971年)

控訴審敗訴で三井金属社長が病因を認める(1972年)

を正式に認めた。一九七一(昭和四十六)年六月、富山地裁は第一次訴訟について、原告(三一人)側の言い分を認め、三井側に五七〇〇万円の支払いを命じる判決をくだし、翌七二(同四十七)年八月の控訴審でも原告側の請求が全面的に認められた。裁判を通じて鉱毒水の病気につながる汚染物質は重金属のカドミウムであることがわかった。

顔料のカドミウムは、黄・赤・緑系のあざやかな色をだすので重宝されている。さらに日本は携帯電話・デジタルカメラなどの普及で乾電池・蓄電池などの使用量が多い。これらの機器の電池には合金としてのカドミウムが使用され、消費量は世界一となっている。現在でも日本人の体内に取り込まれたカドミウム量のレベルは国際的な平均水準よりずっと高い。

熊本の水俣病

水俣病は、熊本県水俣湾沿岸で発生した有機水銀中毒である。

一九五二(昭和二十七)年ごろから、おもに漁民のあいだで視野狭窄《きょうさく》、四肢の麻痺《まひ》、言語障害などの患者が発生した。それ以前には、海に飛び込むなどのネコの異常がみられた。認定患者数は一九九七(平成九)年十二月末までに二九五

●──水俣病

チッソ水俣工場(1973年)

工場から排出されるどす黒い廃液

療養費・生活年金を求めチッソと交渉を続けるが，会社側の回答に硬化，「金を返すから命や体を元に返せ」と詰めよる患者(1973年)

水俣病裁判判決後，小切手を受け取る原告側弁護士(1973年)

二人で、うち一五九六人が死亡している。

一九五七(昭和三十二)年一月、新日本窒素付属病院細川一博士らは疫学《えきがく》調査結果を発表、地域別の傾向、家族集積性(同一家族に複数の患者がでる傾向)、また、ネコの死亡、魚食との関係などを報告した。

熊本大学の研究グループは水俣湾でとれた魚介類に含まれる有機水銀が原因と考えて追究したが、政府の水俣病事件関係省庁連絡会議は汚染源について結論をださず、また、熊本大学の研究者の見解を否定する学者もあらわれた。

一九五八(昭和三十三)年七月八日、厚生省(当時)は「水俣奇病《きびょう》」について、新日本窒素肥料(現、チッソ)水俣工場の廃棄物が港湾を汚染し、魚介類や回遊魚が廃棄物に含まれる化学毒物で有毒化し、これを多量に食べたために起こるものと推定される、と発表した。この時点で水銀はいまだ特定されなかった。一九五九(昭和三十四)年七月十四日付『朝日新聞』は、水俣病の原因は有機水銀であることを熊本大学研究班が確認、とスクープした。

水俣病患者同盟は、新日本窒素社長と同水俣工場長を殺人・傷害罪で告訴、熊本地検はこれを業務上過失致死罪として起訴した。一九七三(昭和四十八)年

●—新潟水俣病　阿賀野川河口に船を着ける漁民。水俣病の影響から河口域では漁獲規制が解かれても漁をしなくなった(一九七〇年)。

三月原告が勝訴し、八八(同六十三)年三月最高裁は一・二審判決を支持し、窒素刑事罰の有罪が確定した。

文部省(当時)は教科書から公害企業名を削除する措置をとったが、一九八一(昭和五十六)年水俣病患者同盟はこれに抗議して、加害者を忘れないために「チッソ水俣病」と呼ぶことを決めた。その後、世論の反対の前に文部省も企業名掲載を復活させることを余儀なくされた。

新潟の水俣病

一九六五(昭和四十)年、新潟大学教授椿忠雄《つばきただお》は熊本水俣病と同様な病気が、前年秋から新潟県阿賀野《あがの》川流域に発生していると発表した。医師・研究者らの努力により、下流域におけるニゴイ・ウグイなどの魚食との関係が判明し、原因は上流にある昭和電工鹿瀬《かのせ》工場からの水銀を含む排水であると断定した。

昭和電工側は排水源の地理的位置と被害の地理的位置が懸け離れているとして、無実を主張した。横浜大学の植物プランクトン研究者某は被告の主張の正当性を証言したが、京都大学助教授(当時)川那部浩哉《かわなべひろや》は排水に含まれる無機水銀が有機化し、植物プランクトン、動物プランクトン、小魚、大魚という食物連鎖をへることで、水銀が大魚の体内に濃縮することと、それまでの時間と距離が対応すると証言して、原告側の主張を補強した。

一九六七(昭和四十二)年六月十二日提訴、六八年八月、政府はこの事実を確定し、九月、新潟の水俣病は公害病と認定された。一九七一年九月二十八日、原告が勝訴し、四つの公害裁判における原告勝訴の皮切りとなった。

足尾鉱毒事件

足尾《あしお》鉱毒事件は、公害の原点ともいわれる鉱毒事件である。

古河《ふるかわ》鉱業足尾銅山からの鉱毒水が、渡良瀬《わたらせ》川およびその流域を汚染した。すなわち、選鉱《せんこう》に使用された排水と、廃棄された鉱石《こうせき》にふった雨がそのまま渡良瀬川に流され、それによって一八八五(明治十八)年ごろから魚類の大量死があいつぎ、川の水を引いた水田においては水稲の被害が拡がった。農民は水田の水の取入れ口に深い溝を掘り、鉱毒の低減化をはかったが、被害を避けることはできなかった。

一八九一(明治二十四)年、衆議院議員の田中正造《しょうぞう》は、足尾鉱毒問題について質問書を提出し、議会活動による鉱毒問題の解決をはかったが、果たせなかっ

●──**足尾銅山**(『風俗画報増刊　足尾銅山図絵』)　公害の原点といわれる足尾銅山のはげ山。近年緑化に成功したと宣伝されるが，もとの山林とはほど遠い。回復の入り口に立ったというべきだろう。

●──田中正造最後の写真(1912年)と，枕元に残された遺品

た。

一八九六(明治二十九)年には洪水で被害は拡大し、一九〇一(同三十四)年、田中正造は衆議院議員を辞し、天皇直訴を決行した。政府は鉱毒問題を、谷中《やなか》村を遊水池化することにより解決しようとする。そのため、谷中村の村民に立退きを命じた。田中は谷中村にはいり、谷中村民とともに座り込みの闘いを指導した。しかし、明治政府は田中らの鉱業停止運動を、富国強兵《ふこくきょうへい》の名のもとに弾圧した。

一〇〇年近くたった一九七四(昭和四十九)年、公害等調整委員会による一五億五〇〇〇万円の補償を含む調停が成立した。

土壌の汚染

環境汚染は大気や水については気づかれることが容易であったが、大気や水の汚染は必然的に土壌におよんだ。しかし、土壌はその形態上汚染の気づかれることが遅れた。

一九六〇年代に群馬県安中《あんなか》市において、カイコの大量死が発生した。研究者らの協力により、餌であるクワの葉の汚染が原因であることが突き止められ、同市にある東邦亜鉛《とうほうあえん》安中製錬所から排出されたカドミウムや亜鉛を含む煙や排水が付近一帯の農地を汚染し、農作物に被害をあたえていることが判明した。一九七二(昭和四十七)年安中カドミウム公害訴訟が起こされ、八五(同六十)年和解勧告がだされ、八六(同六十一)年に決着した。

現在、茨城県神栖《かみす》市において井戸水が旧日本軍の化学兵器に由来すると疑われている亜ヒ酸《あさん》汚染で注目されている。

宮崎県高千穂《たかちほ》町土呂久《とろく》においても、一九六〇年代に亜ヒ酸中毒公害が発生した。岩戸《いわと》小学校教諭斎藤正健が子どもの顔色が悪いことに気づき、原因を探り、一九七一(昭和四十六)年宮崎県教育研究集会で発表したことが発見のきっかけとなり、七二年に患者が発見され、七三(同四十八)年に公害健康被害保障法で指定された公害病と認定された。住友金属鉱山のヒ素精製工場の従業員を中心に数多くの患者がでた。被害者が原告となった裁判は、発生から三〇年後に提訴され、一九九二(平成四)年に和解勧告がだされ決着した。

豊島《てしま》産業廃棄物不法投棄事件は、香川県に属する人口一六〇〇人の豊島に、一九七八(昭和五十三)年から一三年間にわたり、合計五〇万トンの産業廃棄物が不法に投棄されたものである。島のまわりの瀬戸内海まで汚染するおそれがもたれた、当時国内最大の不法投棄事件となった。住民は放置していた香川県と排出企業・処理業者を相手に公害調停を申請した。また、処理業者に民事訴訟を起こし全面勝訴したが、業者は一九九六(平成八)年に解散した。その後、住民は県と交渉を重ね、県は原状復帰などに合意した。

人体の汚染

食品のように直接人体にはいるものに由来する汚染を人体の汚染として扱う。

食品による汚染

第一に一九五五(昭和三十)年の森永ヒ素ミルク事件がある。栄養のうえから人工乳が推奨され、大手のメーカーとして信頼されていた森永の人工乳を飲んだ乳幼児に被害がでた。中和剤(食品添加物)として加えた第二リン酸ナトリウムが、五~八%の亜ヒ酸が混入された粗悪品だったため、乳児一万二一三一人がヒ素中毒となり、一三〇人が死亡した。

第二に注目されるのは、カネミ油症事件である。

カネミ倉庫で食用油を脱臭精製する過程において、加熱媒体用のPCB▲(ポリ塩化ビフェニール)が腐食した管の割れ目から食用油に混入した。会社はこれに気づかずに製品を販売した。この食用油を知らずに利用した消費者に死亡、皮膚障害などの被害が発生した。被害は福岡県を中心に二三の県にわたった。一九六八(昭和四十三)年、届け出患者一万数千人、死者二九人の中毒事件となった。

ダイオキシン

一九六一~七五年にわたるベトナム戦争において、森林を枯らすために米軍は六一年から七一年にかけて、落葉剤・枯草剤を多量に散布した。そのなかの主要な薬剤である2、4-Dと2、4、5-Tの不純物として含まれていたダイオキシンが家畜や人間に死亡・皮膚のただれ、先天性異常などの甚大な被害をあたえた。

ダイオキシンは一九七〇年代の終りごろから、二つの場面で市民の関心を集めた。一つは水田除草剤のあるものに不純物としてダイオキシンが混入してい

▼PCB　無色透明の粘りのある液体。電気の絶縁性に優れ、変圧器をはじめ電気器具に多く用いられた。廃棄後の環境残留性が長いこと、食物連鎖をへて肉食動物の体内に蓄積して毒作用を示した。

たこと。二つ目はゴミの焼却場からの排出である。

一九八三(昭和五十八)年、当時、愛媛大学教授立川涼《たつかわりょう》博士は、松山市の九つの清掃工場の炉の灰(残灰)と排煙から回収した灰(飛灰)のすべてからダイオキシンを検出したと発表し、全国の自治体は恐慌《きょうこう》をきたした。調査するほどに自治体の清掃工場のダイオキシン検出は増大し、厚生省(当時)は、一九八四(昭和五十九)年、急遽、研究班を組織して、国内外の文献を検討した。しかし、わずか半年で、新聞は「厚生省は安全宣言」と報じた。ダイオキシンが検出されたことは事実だが、濃度は非常に低いので心配はない、というものであった。

その後、清掃工場だけでなく、製紙工場排水をはじめいろいろな工場排水からダイオキシンが検出され、ダイオキシン不感症の観を呈しかねなかった。

一九九六、九七(平成八、九)年ごろからふたたび清掃工場のダイオキシン汚染が浮上し、何故か今回は厚生省は排出規制の強化など、対策をつぎつぎと打ち出した。

ダイオキシンの致死毒性・催奇《さいき》形《けい》性などの危険が明らかになるにつれ、ダイオキシンが各種の廃棄物に含まれており、食物連鎖《しょくもつれんさ》の上位にある肉食の魚・

鳥・けものにも被害がおよんでいることが判明した。また、その理由としてダイオキシンの動物の脂肪組織への蓄積が明らかになった。

環境ホルモン

一九九六年アメリカのシーア＝コルボーンの"Our Stolen Future"（邦訳『奪われし未来』）の発表は全米において、すぐ続いて日本、ヨーロッパにおいて大きなセンセーションを巻き起こした。この本で、著者らは広範な動物に性の異常がみられ、その原因が人工の化学物質であることを、豊富な事例とともに紹介した。そのあらましは六七ページの表に示すようである。表にみられるように大多数の事例は巻き貝・魚類・爬虫類・哺乳類など野生動物であるが、人間においても合成エストロゲンの例があり、人間だけが例外ではないことに注意する必要がある。シーア＝コルボーンは、これらの化学物質がこれまで汚染で知られていた濃度よりはるかに低い濃度で動物に影響をあたえていることを明らかにし、性に関するホルモン系に攪乱をおよぼしているのだと主張し、人工化学物質の環境への排出に警告を発した。

人間に関しては、一例が指摘されているだけだが、広範な動物に異常があることから、人間だけが例外とは考えられず、一九九八(平成十)年、環境庁(当時)は一〇〇種に近い人工化学物質に疑いをかけている。スナック麺や飲料などのプラスチック容器の内面の塗装に使用されているビスフェノールA▲などは発がん物質として認定されているが、環境ホルモンとしての作用もある。

人間の例というのは、母親が服用した人工女性ホルモン剤が思春期の娘に悪影響をおよぼした、というものである。欧米においては人工女性ホルモン剤の服用が広く、不眠などにも投与されているようだ。アメリカの医療制度においては、患者のカルテの長期保存が義務づけられている。そこで多数のカルテで人工女性ホルモン剤服用の有無を比較することによって、母親が服用した人工女性ホルモン剤が思春期の娘に悪影響をおよぼすことがわかったのである。

▼ビスフェノールA　環境庁(当時)が一九九八年、リストアップした環境ホルモン作用の疑いがある六七物質の一つ。当時、ポリ食器の表面処理に多用されていて話題となった。二〇〇四(平成十六)年七月、環境省はより広汎な化学物質を精査することにし、右のリストアップを解除した。

②―野生生物の消滅

汚染に対する対応

水俣病《みなまたびょう》裁判において被害者である原告の主張が認められて勝訴した一九七〇年ごろ、スウェーデンのある博物館のパンフレットに博物館の効用を掲げる一つのエピソードが載っていた。

それによると、一九五〇年のころ猛禽《もうきん》類のワシの個体数がふえないことに気づいたあるバード・ウォッチャーがワシの巣を調べてみたところ、卵が踏みくだかれており、卵は殻が薄くなっていて、親鳥に踏みつぶされた形跡があることを発見した。ついでこのことを聞いたある研究者がワシの親鳥の羽毛を分析すると水銀の含量が異常に高いことを発見し、博物館に永年にわたって収蔵されているワシの標本の羽毛について水銀含量を調べてみたところ、十八世紀以来非常に低いレベルのままであった羽毛の水銀の含量が一九四七年をさかいに急増していることが判明した。この結果を受けて、政府はただちに湾内の水銀の汚染源を調査し、それが海に浮かべられた輸出用の丸太の防腐剤に由来することを突き止めた。政府はただちに木材業界に対して水銀製防腐剤の使用の禁止措置をとった。

博物館は古くからの標本が現代社会の問題の解決に役立ったことを自慢しているのだが、水俣病事件を経験した日本人にはもっと複雑な気持ちをいだかせた。日本においては、水俣市で人間の健康・命に被害がでても、これを容易に認めようとしなかった政府・企業とこれをサポートした一部の学者があった。これに対して野生の動物の異変にいち早く気づいた市民、市民の調査結果をただちに取り上げた研究者、研究者の分析結果をもとに行政処置を行った彼《か》の国の政府と企業との相違である。これこそ文化のレベルの差ではないだろうか。

人間による野生生物の消滅

人類はその発生以来、みずからの生存のために周囲の動植物を利用してきた。人類を含む霊長類《れいちょう》は基本的に森林が生活の場であり、樹木の葉や若い芽、花・果実など植物を主食としてきた。チンパンジーが他の小型のサルを狩ってくっていることが近年にわかり注目されたが、人類はそれ以上に肉食に傾いていた

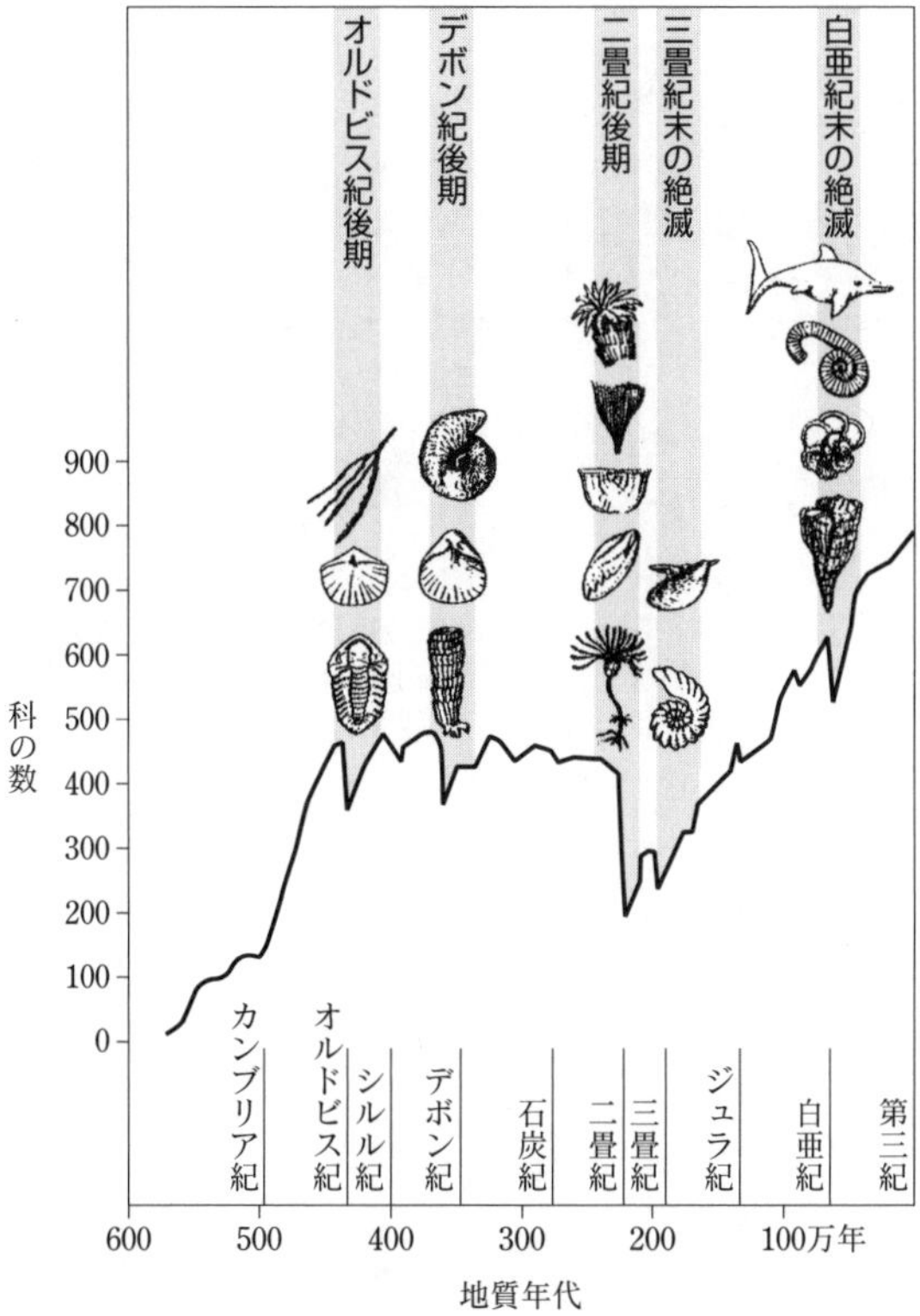

●──**各地質時代の大量絶滅**（L. カウママン・K. マロリー編『最後の絶滅』を一部改変）　カンブリア紀以降，生物は少なくとも5回の大きな絶滅にあいながら，方向としては増大してきた。縦軸は生物の種類の多さという意味。

ようだ。植物に比べ蛋白・脂肪などの栄養価が高い肉は、脳の発達に貢献したはずである。こうして動物利用は第一に食料としてであり、さらに身にまとう毛皮、装飾、住居など多岐にわたった。

人類が農業を獲得してからは、焼畑《やきはた》▲にせよ開墾にせよ農地の拡大は野生動物の棲息地を奪う結果をともなった。農業によって食料の供給が安定すると人口の増大を引き起こし、それは農業の発展、農地の拡大をもたらすことになる。

その後の人類による環境への働きかけは、森林の焼却、樹木の伐採、河道の変更、堰《せき》やダムの構築、干拓《かんたく》▲・埋立てなどなど、複雑な関係において野生動物の棲息地を破壊する結果をもたらし、動物の利用そのものと棲息地の破壊を通じて、野生動物に著しい圧力をおよぼした。その結果、ときには野生動物種の絶滅をもたらすことになった。人類の特徴である環境への働きかけは、大脳の発達に基づくが、同時にそれは人類の欲望と結びついて、ときに破壊的ですらあった。

肉食動物は他の一定の種の動物を食べている。しかし、肉食動物が食物となる動物種を絶滅させたという例はないといってよい。あるいは限定的な地域に

▼焼畑　森林地帯の住民は、昔から森林の小さな一部に火をつけて焼払い、跡地に作物を栽培した。樹木伐採の手間が省け、焼けた植物の灰が肥料となって数回の耕作が可能であった。作物がつくれなくなる前にそこを放棄し、新しい森林を焼払い耕地とした。放棄された耕地は数年でもとの森林に戻った。森林の面積が大きく人口が小さいうちは、このような方法で森林と住民は共存してきた。現在は商業資本が介入して大面積の焼払いや木炭づくりをするために、森林の回復が間にあわないでいる。

▼干拓　浅い沿岸を山の土砂で埋め立てて人工的に陸地をつくること。浸水の防止や多くは農地の獲得が目的で、古くから内湾などで行われてきた。土木力が小さいころは埋立てのペースは緩慢で、浅瀬の生態系は沖のほうに移動することで、大きく壊れることはなかった。最近の大型の土木機械に

よる埋立ては計画地の外縁を巨大なコンクリートの堤防で囲み、内側を埋め立てる。堤防の外側は深い海であり、したがって浅瀬の生態系は喪失する。これはもはや干拓とはいえない。

おいて地域個体群を消滅させたことはあったかもしれないが、種のレベルで絶滅させることはありえないと考えられる。食物になる種の絶滅は肉食種の自滅につながるからで、進化の過程で食物種と肉食種の併存の関係がつくりあげられたものと考えられる。

乱獲による消滅

マンモスは旧人《きゅうじん》の狩猟《しゅりょう》によって絶滅したといわれる。いくつかの野生馬が同様に絶滅したといわれる。大型の獣の狩猟は崖や穴に動物を追いやり、墜落させて殺すという方法であった。これらの大型の動物が狩猟の対象となったのは、その前に槍とか弓など狩猟の技術が向上して、中小型の動物を狩りつくしたからだともいわれる。

動物一般の場合には、ウサギとキツネの消長をモデル化して考えると、くわれるウサギが捕食によって減少すれば、食物の減ったキツネも増殖が衰えて減少に転じ、その分、捕食圧《ほしょくあつ》の減ったウサギは増殖することになる。ウサギの増減の波に遅れてキツネの増減の波がある。実際ウサギが減った場合、キツネはウサギに出会うチャンスが減り、ネズミなど小型のもっと数の多い動物を捕食する。その間にウサギが増殖することが可能となる。いずれにしても長期間についてみれば、くわれる動物とくう動物のあいだにはある動的な平衡《へいこう》が成り立っているのが自然の一般である。そうやってくわれる側もくう側も何百万年にわたって、存続してきたのである。自然の法則のもとでの動物の存在は共存であった。

しかし、人類の場合は道具という身体外部の手段をもち、道具を改良することができたため、自然の制約から解放され、その結果、大量殺戮《さつりく》による絶滅を繰り返してきたようだ。それは人類の適応性を高める結果をもたらし、人類の発展につながることだった。こうして人口の一層の増大という経過をたどる。

人類は地球上の生物▲でもっとも適応性の高い生物といわれる。農耕と牧畜を営む人間の社会になってからも、食料以外のところで乱獲は続いた。そこには生物が利潤の対象になるという人間社会特有の要因が入り込んだからであった。

リョコウバトの絶滅は記憶に新しい近年の出来事であるため、乱獲による絶滅の有名な例としてよく引合いにだされる。

リョコウバトは北米の落葉樹林に何十億羽という数で生息していた。渡りを

▼**生物**　生物は物質代謝を不可欠としながら、すなわち、外界からはその生物と異質のものを取り入れ、その生物体であったものを変形させて外界に排出させている。それでいて昨日の生物と今日の生物は同一である。物質という点でみれば、物質代謝を不可欠としながら自己同一を保持する物質系が生物であるといえる。具体的には植物界・動物界・菌界・原核生物界・モネラ界の五つの大きなグループからなる。

し、季節になると数日間昼夜切れ目のない大群が移動したという。十九世紀まではこのような状況が続いていたが、食用となるため無秩序な商業的ハンティングによって大量に捕殺された。

その結果、個体群がある数を下回るようになると、繁殖の条件が満たされなくなり、ハンティングが成り立たなくなったあとも野生のリョコウバトは減り続けた。一九一四年アメリカのシンシナティ動物園で飼育されていた個体が死亡したのを最後にこの鳥は地上から姿を消した。

このほか、オランウータン・トラなどのように種としていまだ地球上に残存しているが、乱獲によって、かつての分布域は著しく狭まり、地域によってはその動物が絶滅している事例はあまたあるが、成書に譲る。

日本の事例として有名なものはニホンオオカミであろう。今でも足跡や糞をみたという話があり、生存を信じている人がいるほど、近年の絶滅であった。

本州・四国・九州に生息した頭胴長一〇〇センチ前後の、オオカミとしては小型のニホンオオカミと、北海道に生息した一二〇センチのエゾオオカミの二つの亜種がいた。いずれも一九〇五(明治三十八)年ごろに生息がとだえた。

オオカミと人間の共存の歴史は数万年におよぶほど長い。地域によっては山に「鬼」が住むから夜間の山越えをしない、という例もあった。昼間と夜間とで土地の利用を分けあったことになる。

近代になると人間による土地の占有が増大する。その結果、オオカミは人間や家畜に有害であるとして積極的に狩猟によって駆除され、絶滅に追いやられることになった。そのほかに飼い犬のジステンパーなどの伝染病も絶滅に拍車をかけたといわれる。

太平洋戦争後の絶滅事例として有名なものはトキの絶滅であろう。トキは江戸時代には江戸にもいたとされるチュウサギ大の鳥で、現在でも新潟県の県鳥とされている。美しい羽毛をえるために明治期に乱獲された。太平洋戦争後は食料増産のため土地の開発熱が高まり、結果としてトキの生育地の減少があった。さらに一九六〇年代以降に過剰に使用された農薬が水田や河川の水生動物を激減させ、水生の魚や貝をくうトキに影響をおよぼし、トキは急激に数を減らした。二〇〇三(平成十五)年秋、最後の個体であった飼育中のメスの老鳥一羽が死亡して日本のトキは完全に姿を消した。

●──日本のおもな絶滅のおそれのある動植物（WWF「レッドデータまっぷ〈日本編〉」1995年をもとに作成）　ただし日本産のトキは2003年に絶滅。

現在佐渡では、中国の亜種を導入して飼育繁殖中で、このほうはしだいに個体数を増しているが、その野外への放鳥、野生化への適応が課題となっている。

ニホンカモシカは日本固有種で氷河《ひょうが》期の遺存種である。乱獲で減少し、一九三四(昭和九)年に天然記念物、五五(同三十)年には特別天然記念物に指定された。国際保護動物でもある。現在、四国・九州・本州の落葉広葉樹林帯《らくようこうようじゅりんたい》に分布している。太平洋戦争後の造林地拡大にともないヒノキやスギの植林木をくうことが社会問題となり、一九七五(昭和五十)年文化庁・環境庁・林野庁三庁の決定で、特別天然記念物であるにもかかわらず、個体数調整の名目で射殺が認められている。

ニホンカモシカは別に人間に直接の危害を加えるわけではない。人間の財産と称する植林木を食べることが射殺の理由となっている。カモシカの立場からすれば、もともとは自分たちの生活域に人間が所有権を設定し、植林木を植えたのだ、ということになろう。

ツキノワグマは、もともとは四国・九州・本州の落葉広葉樹林帯に分布していた。しかし、西南日本においては足跡や糞あるいは個体そのものの発見報告がなされるが、地域個体群としての存在は疑わしく、それでは生殖が保証されないことから、事実上は絶滅に近い。東北日本においてはまだ、存在しているが、射殺、箱わなによる捕獲の圧力がきわめて強い。

その原因は熊胆《ゆうたん》(俗にクマノイ)の採取が目的にある。予察駆除などの名目で、今でも推定存在数を上回る数が年々捕殺されている。

ニホンカワウソは、一九六五(昭和四十)年に天然記念物に指定された。明治・大正のころまで東京の石神井川《しゃくじい》でも普通にみかけられたといわれる。一九六五年に四万十川《しまんと》中流域の大正町《たいしょう》でオスのニホンカワウソが川底に仕かけたカニ籠《かご》にはいり、でられなくなった溺死体が、八六(昭和六十一)年に土佐《とさ》清水市《しみず》の尾浦《おうら》半島で打ち上げられた死体が、八九(平成元)年に同所で足跡がみつかった。しかしそれらの事実があるだけで生体の確認はない。ニホンカワウソは河川の岸に巣穴を掘って住み、魚やカニなどの小動物を食べていた。池の埋立てや河川改修で棲息地を奪われ、漁師に漁業の有害獣として駆逐されて絶滅に追いやられた、と思われる。

生息地破壊による消滅

バブル期の開発ブームのなかで、ゴルフ場建設などによって、多くの山林原野が開発され、そこに棲《す》む野生動物の生息環境を破壊した。国際的には途上国の農業開発などで、熱帯林が切り払われ、オランウータンの激減をもたらすなどの事例が知られている。

イリオモテヤマネコは、一九六五年、沖縄県八重山《やえやま》群島西表島《いりおもてじま》から毛皮と頭骨が送られて存在が知られ、新種と判定された。西表島の固有種で、原始的な特徴をもっている。一九七七(昭和五十二)年、特別天然記念物に指定された。開発による棲息地の減少や交通事故などによって生存が危ぶまれている絶滅危惧種である。

ツシマヤマネコは、一九七一(昭和四十六)年、天然記念物に指定された絶滅危惧種である。東南アジアに分布するベンガルヤマネコの亜種で、長崎県対馬《つしま》のほか朝鮮半島にも生息している。朝鮮半島・対馬が陸続きのころ、大陸から渡ってきたものと推定されている。

アマミノクロウサギは、鹿児島県の奄美大島《あまみおおしま》と徳之島《とくのしま》だけに生息する原始的なノウサギで、一九六三(昭和三十八)年特別天然記念物に指定された絶滅危惧種である。現在、両島におけるゴルフ場開発による棲息地破壊の危険が迫っている。

国際的な問題

野生生物はいろいろな形で人間の消費の対象となっており、国際取引も盛んに行われていることは、ペットショップを覗《のぞ》けば一目瞭然である。そこには外国産の小型哺乳類・小鳥・爬虫類が多種ならんでいる。また、園芸店においては以前みかけなかった花々がふえている。

野生生物の消費は金額においてはアメリカが世界第一位だが、国民一人当りの金額においては日本が世界第一位である。意外と思われるかもしれないが、身のまわりを見渡すと動物では毛皮、トカゲ・ワニ皮、ベッコウ、観賞用鳥類、熱帯魚など、植物ではサボテン、ランなどがある。高級化粧品の香料として使用される麝香《じゃこう》はある種の動物の分泌腺《ぶんぴつせん》である。

国際取引の規制を通じて、野生生物の消滅を防止する目的で、一九七三(昭和四十八)年ワシントン条約が締結されている。

国際取引の増大、人や貨物の到来の増大にともなって、人間の管理から離れた植物・動物種がでてきて、しかもその種数は急速に増大している。これが近年社会的な問題となった外来種問題である。

近年、毒ヘビのハブを制圧するためとして導入されたマングースによるヤンバルクイナの食害、釣り人が放流したブラックバス・ブルーギル▲などによるワカサギ・アユなどの減少が問題になり、二〇〇三(平成十五)年秋、環境省は外来種の規制法制定の検討を始めるにいたった。

人間の意図によらずに日本の野外で生活する事例は植物に多く、帰化植物と呼ばれている。貨物などに付着した種子などが国内に到着し、その多くは世代を重ねることなく消滅しているが、日本の気候に適し、天敵が不在などの条件がえられて分布を広げた種が帰化植物となる。

動物の場合はオカダンゴムシやある種の扁形動物のウズムシのように、植物と同様な経過で帰化となったものもあるが、むしろ人間が意図的に持ち込んだり、放出したりするケースが多い。これらは外来種の導入として扱われる。

▼ブラックバス・ブルーギル
北米原産・釣り人に愛好され各地の湖沼に放流された。また、釣った獲物を再度放流するため繁殖している。肉食性で在来魚種であるワカサギ・ヤマメなどの稚魚をくう。内水面漁業にとって頭痛の種となっている。

●──ブラックバス

●──ブルーギル

ハクビシンは、鼻筋に白線が走っていることからその名がある。ジャコウネコ科の哺乳類で、雑食性でムシや小動物を食べるが、とくに果実を好み、ミカンなどの果樹園に被害をあたえている。インド・中国・東南アジアに広く分布するが、日本では太平洋岸のいくつかの県に限られるので、外来種と考えられ、ペットとして飼育されていたものが逸出したとされる。野外でよく繁殖し、分布を拡大する傾向にあり、食害が拡大していて注目されている。

マングースは、イタチ科の哺乳類で、沖縄・奄美諸島における毒ヘビのハブを退治するためとして、インドから導入された。マングースは昼行性であるのに対し、ハブは夜行性なのでハブ退治にはあまり役立たず、かえってニワトリや野生のヤンバルクイナ・ツシマヤマネコなどへの食害が問題になってきている。

ブラックバスは、北米原産のサンフィッシュ科オオクチバス属の淡水魚で、一九二五（大正十四）年箱根《はこね》の芦ノ湖《あしのこ》に放流されたが、ワカサギなど他の魚をくう害魚として悪評だった。それがルアー釣りの絶好の獲物として一九八〇（昭和五十五）年ごろから釣り人のあいだで人気が高まり、この釣りのルールとして釣った獲物は水に戻されることになっているためと、新しい池や湖に積極的に放流したため、各地で繁殖し、生態系を破壊するとして二〇〇〇(平成十二)年ごろから社会問題となった。二〇〇四(同十六)年現在、環境省は外来種を規制する法案の作成に取り組んでいる。

帰化植物の第一期とも考えられる事例は、明治の西洋文明開化期に欧米から輸入された貨物に付着したヒメムカシヨモギ・オオアレチノギク・セイタカアワダチソウなどである。港湾から鉄道を通じて分布を拡大した例が多く、鉄道草などの名称がつけられたものもある。大正時代にはハルジョオン・ヒメジョオンなどが各地に拡がった。

第二期は太平洋戦争後の一九四五(昭和二十)年以降のもので、アレチウリ・マルバアサガオ・セイヨウヒルガオ・ショカッサイなどが繁茂して人びとの目を驚かせた。

東京大学名誉教授前川文夫《まえかわふみお》が史前帰化植物と名づけた人里植物群がある。前川教授は一般には日本固有と思われていたイヌタデ・イヌビエ・スベリヒユ・ツユクサ・エノコログサなどが、弥生《やよい》時代の稲作の渡来にともなって、大陸からきた植物であることを、中国大陸におけるそれらの分布と照らしあわせて証明した。春の七草のセリ・ナズナ・ハハコグサ・ハコベなどは稲作とは別にムギやアブラナなど大陸北方の農業の導入とともにやってきた北方系の史前帰化植物であると前川教授は述べている。

何故、野生生物を保護するか

今日の社会は万事が経済を尺度としている。この社会においては、植物も動物も野生生物は資源とみなされる。それは生活物質、工業原料だけでなく、エコ・ツアーの場合は観光資源という呼ばれ方をすることを含めて資源とされる。他方、イノシシやサルの農作物食害に代表されるような被害は経済的損失とみなされ、いずれにしても私たちは野生生物と経済尺度をもって対峙している。

これが近代の特別な関係であることは、少なくとも日本に関するかぎり、近世までは野生動物は時には神であったり、神の使いであったりし、その遺風が今も地方に色濃く残っていることからもいえるだろう。

野生生物の消滅に代表される自然の破壊が多くの人びとの関心を集めている

今日、私たちは、人間にとっての野生生物の価値とはなにか、の問いなおしをしなければならない。そこから、何故、野生生物を保護するかの答えがでてくるだろう。

人間にとって自然は資源として重要な存在であるという認識は常識となっている。野生生物も自然物として例外ではない。自然や野生生物はその存在自体が人間の思惑を超越しており、価値などという概念ではかるべき対象ではない、とする意見が自然(野生生物)保護論者のあいだにある。筆者はこの意見に異論を差し挟むつもりはない。

むしろ自然や野生生物を資源としてしかみない、たとえば商業捕鯨推進論者やダム建設や道路建設推進論者などを標的にして考えを述べたい。

野生生物の資源的価値は、魚食が普通になっている日本人にとっては自明であろう。養殖魚は人工の産物ともいえるが、漁獲のほとんどは野生の魚類が占めている。また直接的な利用のほかに、魚類を家畜や家禽《かきん》の餌料に用いるなど、間接的に野生生物を食料資源として利用していることもある。

食料以外に衣服・住居・紙パルプ・鑑賞など、数え上げきれないほど多種多様な形で人間は野生生物を資源として利用している。

最近、人気のあるエコ・ツアーは野生動物の生活を観察するものだが、すでに観光資源という呼び名が生まれている。

注意しなければならないのは、野生生物の価値を資源としてしか認識していない現在の風潮である。

沖縄・奄美地方においては、行政にとってハブは駆除の重要な対象となっている。本州においても林業従事者はマムシをみかけると叩き殺し、穴を掘って埋めてしまうことを筆者は何度も目撃した。いずれも不用意に噛まれて事故を起こさないためであろう。これらの場合は、毒ヘビは負の資源的価値をもつことになる。郊外に近い住宅地ではスズメバチが同様な扱いを受ける。連絡すれば行政が巣の駆除をしてくれる。

しかし、一方でヘビ毒やハチ毒は薬用にされている。マムシを焼酎などに漬けて、強壮剤として愛用している人がかなりいる。この場合は立派な薬用資源ということになる。

この相反する事実をどうみるか。毒ヘビが人間に「もっとよく野生生物（自然)を理解しろ」と教えているのだと、筆者は考えている。毒ヘビに限らない。あらゆる野生生物が人間により深い理解を迫っている。この意味で野生生物(自然)には教育的な価値がある、といいたい。

教育的な価値とは教材として利用する価値とは次元が異なる。教材利用は資源利用の範疇《はんちゅう》にはいる。

あらゆる野生生物に教育的な価値があるといったが、ではゴキブリにどんな教育的な価値があるか？　と訊《き》かれたら、筆者は即答できない。それはゴキブリを不快動物としてよくその生態を観察していないからであろう。

昔はゴキブリを家のなかでみかけることはあまりなかった。ネズミがいてくっていたらしい。そのネズミはアオダイショウにくわれていた。人間の食べかす―ゴキブリ―ネズミ―アオダイショウの食物連鎖《しょくもつれんさ》が人家において成立していたらしい。人家の以前に野外で同じような食物連鎖があったであろう。

動物は必ずなにかの植物・動物をくい、別のなにかの動物にくわれる。生物進化というと、ウマの進化、トラの進化などと一つの種に着目して語られることが多い。しかし、食物連鎖はいつの時代にもあったにちがいないから、生物の進化とは一つひとつの種が独立して行われたのではなく、食物連鎖をはじめとする諸々の植物・動物の種間の関係（というより、しがらみ）を通じて行われたにちがいない。そうだとすると生物界に無用・無駄な生物種はないことになる。言い換えれば、すべての生物が生物界のなかに位置をもっていることになる。この意味での価値を自然史的価値と呼びたい。

人間はその頭脳の力により、他の動物にない発展をとげた。対自然の関係において、科学と技術は野生生物（自然）の資源的な利用、すなわち物の生産において大きな力となった。それは資源の利用・生産に関する自然法則を、実によく学びこれを活用したからである。しかし、野生生物（自然）のもつ法則性は資源利用・生産ばかりではない。

今日、いろいろな意味での安全性が求められているが、安全性は今日まで十分学んでこなかった法則性の一つである。

人間はこれからもっと多面的な野生生物（自然）の法則を学ばなければならない。その法則は野生生物を筆頭に自然物に潜んでいる。野生生物や自然物から新しい法則を学ぶためには、人間の手がなるべくかかっていない野生生物や自然物が残っていなければなるまい。

野生生物は人間の将来の存続のためにこそ、今日の徒《いたず》らな乱用から保護されなければならない。

③―社会の進展

自然における人間・社会

環境問題は直接的には、環境の劣化や資源の枯渇の問題の一環としてとらえられたが、しだいに人間対自然、社会対自然という本質的に大きな課題としての様相が認識されるようになった。

環境問題の本質が明らかになるにつれ、そこには問題に対する多様な認識や考え方の流れが生まれ、また、環境問題に対して社会の合意を反映する制度における変化があり、人間は環境問題の克服に前進しているようにみえる。しかし同時に従来にない新しい人類の課題として、これに対する混迷もみられる。以下「認識・思想の進展」「法制度の進展」について、それらのおもな項目を述べる。

認識・思想の進展

現代における人間の営為の代表は技術と科学である。現代の技術と科学の思想的な裏付けは西欧の考え方が支配的である。西欧の考え方はキリスト教の教義と深くかかわり、自然に対しては人間は神にかわってこれを支配してよいとするものであった。

　環境破壊の元凶ははじめ技術と科学であるとされ攻撃を受けたが、やがて科学と技術を駆使する根拠がキリスト教の自然観▲にあると指摘されるようになり、キリスト教に批判が集中した。一方で、現代ではこれまでめだっていなかった仏教、とくに禅《ぜん》や、老子《ろうし》の思想といった東洋の自然観▲も注目され、また、アイヌ・インディアンなどの少数民族の自然に対する伝統的な態度がみなおされている。

エコロジー運動（エコロジズム）

　二十世紀の終り、三〇年くらいのあいだに澎湃《ほうはい》として起こった市民運動は、しだいにエコロジズムと呼ばれるようになった。わが国では単にエコロジーと呼ぶが、エコロジーとは生態学のことであり、この運動の本質を曖昧《あいまい》にする呼称と思われるので、エコロジー運動あるいは英語圏の呼び名に従って、エコロジズムと呼ぶのがよいだろう。

▼**キリスト教の自然観**　自然は人間が繁栄するよう人間が自由に使っていいと神がいったことを根拠に、自然とは資源であり、これを早い者勝ちに略取していいとする、これまでの常識的な考え方。人間と人間以外の万物とを厳しく分ける特徴をもつ。

▼**東洋の自然観**　人間と人間以外の万物とはたがいに生まれかわることで一体である、という考え方。

一九七〇年代アメリカにおいてはFrends of the Earth、フランスにおいてAmi de la terre（ともに意味は地球の友）運動が澎湃として拡がった。一九七五年アメリカはベトナム戦争に敗れ、反戦と反汚染《おせん》の気分がこの運動を拡げたといわれる。

同時に核開発、公害《こうがい》・環境破壊の直接の担い手である技術・科学に批判の目が向けられた。自然に対する技術・科学の適用は、キリスト教社会においてはこれまで善であるとされてきた事実があり、それはキリスト教の教理が神にかわって人間が自然を支配する論理になっていることから、キリスト教を現代の諸悪の根源とするキリスト教批判がでるようになる。

これに対してオーストラリアの哲学者J・パスモア▲は一九七四年、キリスト教擁護論を展開する。すなわち、"Man's Responsibility For Nature"（邦訳『自然に対する人間の責任』岩波現代選書）のなかで、ユダヤ教・キリスト教・ギリシア思想をめぐる著名な先人《せんじん》たちの論説を検討した。その結果、キリスト教においては、地のケモノ、空のトリ、水のサカナをはじめ、自然の事物を支配してよいと、神が人間に対していったことになっているが、それは二つの解釈のう

▼**J・パスモア**　オーストラリアの哲学者。一九一四年生まれ。現代の環境破壊は、神の言に基づき自然を自由に使っていいとするキリスト教の教義に悪の根源があるとする一部のエコロジストの告発に対し、旧約聖書以来のキリスト教の歴史を詳細に点検し、告発の筋違いを主張してキリスト教を擁護した。

ちの一つが最近まで優勢だったからで、もう一つ人間以外の万物《ばんぶつ》は存在者としてそれ自体のためにある、という教義がユダヤ教にはあることを指摘している。そしてこの二つの教義の根底にある共通の認識は、神が唯一絶対であり、自然は神の支配下にある、と述べている。

エコロジズムの源はどこにあるだろうか。

一九六二年からアメリカの女性海洋生物学者レイチェル＝カーソン▲は、当時の農薬の乱用を警告する「サイレント・スプリング」を雑誌『ニューヨーカー』に連載発表した。DDT▲などの農薬の多用により果樹の花はみごとに咲くが、虫が根絶されたためにこれをくうトリの鳴き声が聞かれない、というわかりやすい説明であった。「サイレント・スプリング」は農薬にとどまらず、現代人工化学物質の乱用に対する警鐘と受けとめられ、環境保全の運動の源泉となった。

一九七〇年代アメリカとフランスを中心に展開した地球の友運動は、実はヨーロッパ各地においても、たとえばグリーンピース▲やドイツにおける「緑の党」▲のように、さまざまな名称と行動形態で幅広く繰り広げられていた。それらは今日ではエコロジズム（エコロジー運動）という名で知られている。

▼**レイチェル＝カーソン**　五ページ参照。

▼**DDT**　第二次世界大戦において、米軍兵士をマラリアの危険から予防するために開発された有機塩素系の殺虫剤。日本をはじめ世界中で農業、林業、家庭用に多用された。残留性が強く、のちに環境汚染物質として問題になった。環境庁（当時）がリストアップした環境ホルモン物質の一つ。

▼**グリーンピース**　アメリカに本拠をもつ国際的な環境保護運動団体。捕鯨反対・原子力利用反対などで、しばしばボートで相手を遮《さえぎ》るなど直接行動に訴える。日本ではあやまって過激な組織とみられているが、けっして無謀な組織ではなく、綿密な分析と戦略のもとに行動しているようだ。

エコロジズムの内容は単一ではない。共通するのは反核・反原発・反巨大開発・反管理であろう。このほかに第三世界との連帯、産業社会からの脱却、等身大の技術指向などがあげられる。

最近のエコロジズムはみずからをディープ・エコロジーと称し、なんでもエコロジーの風潮と一線を画している。

すなわち、一九九〇年代にはいると、法律・規制・科学だけでは汚染の修復、資源の回復はできないとの認識のもとに、人間と自然の関係を根本的に転換させるような新しい社会的・経済的・科学的・哲学的・宗教的なアプローチの模索が始まった。一方で女性の解放を求めるフェミニズムも展開し、エコ・フェミニズムと称する運動にまで成長する。それ以来、マルクス主義▲・社会主義▲・フェミニズム・民族解放・公民権運動に続いて、ゲイとレズビアンの解放にいたるなど、諸エコロジーが生まれた。それぞれのエコロジー運動は先輩のなしとげた成果のいくつかを利用し、過去の限界を批判し、あらたな地平を切り開いた。

こうした状況のなかで、ラジカル（根源的）なエコロジズムが生まれ、彼らは

▼**緑の党**　ドイツの環境保護運動団体。みずからをラジカル・エコロジーと称し、廃棄物問題・原子力問題・環境問題などで指導力を発揮し、初め地方の議会に議員を送り込んだが、のち、国政にも進出し、現在、ドイツの有力な政党として環境優位の政策を提出している。

▼**マルクス主義**　マルクス・エンゲルスの社会思想・科学観・歴史観などを基盤とする政治社会的ないしは哲学的主張。ここでは環境破壊や自然破壊に対し、どのように考えるかが問われる。

▼**社会主義**　現在の世界の大多数の国は資本主義経済体制にあるが、そこでは資本家層が社会のあり方を左右している。マルクス・エンゲルスは資本主義体制は社会発展のうえで矛盾をきたし、働く者が社会のあり方を決める社会になる、と予言した。この考えに立つ思想を社会主義という。

自分たちの運動をエコロジー一般と区別して、ディープ・エコロジーと称した。

環境ホルモンは、一九五〇年前後から淡水・海水など水棲の動物やこれをくっている鳥類や哺乳類に異変のある事実が別々の研究者により、あちこちでみつかるようになる。おもなものを次ページ表にあげる。

一九八〇年代後半から環境保護の意識は質的展開をとげる。アメリカのロデリック＝F・ナッシュは一九九〇年“The Rights of Nature”を出版(日本語版『自然の権利』一九九三年)し、人間が自然に対して畏敬《いけい》の念をもつとともに、自然の権利を認めていくべきだ、という日本人のような非西洋的な文化では、比較的抵抗なく受け入れられるような主張を述べた。

日本において、野生動物を原告とする「自然の権利」裁判を進める理論的背景となった。

環境教育

日本における環境教育は教師(ないし教師グループ)による自主的な活動と、文部科学省による指導との二面がある。前者は公害や地域の自然破壊などの環境問題を子どもたちに考えさせる傾向をもち、後者の文部科学省は環境問題を環

●──環境ホルモン

年　代	場　所	異変の状況など
1952年	アメリカ，フロリダの海岸	ハクトウワシのヒナが激減。親鳥の80%に生殖能力がないことがわかる。
1950年代後半	イギリス	カワウソの姿が消え，伝統的なカワウソ猟が不可能となる。
1960年代半ば	アメリカ，ミシガン湖	ミンクの不妊が増加した。魚の汚染が原因と判明した。
1970年	アメリカ，オンタリオ湖	セグロカモメ80%の卵が孵化しないで，ヒナに奇形がみられる。
1970年代初頭	アメリカ，南カリフォルニアのチャネル諸島	セイヨウカモメの営巣に異変。1巣当りの卵数が倍増。
1971年	アメリカ	マサチューセッツ総合病院の医師グループが『ニュー・イングランド・ジャーナル・オブ・メディスン』誌に，女子の若年層に生ずるごくまれな膣がんは，その母親が妊娠中に服用していた合成エストロゲンＤＥＳと関連していることを突き止めた，と発表。
1974年	アメリカ，サンタ・バーバラ	セイヨウカモメの11%の巣で卵数が倍増。孵化は低下。卵の殻が薄くなっていた。研究者はＤＤＴの影響を疑う。
1980年代	アメリカ，フロリダのアポプカ湖	アリゲーターの孵化に異変。通常は90%の卵が孵化するのに対し，ここでは18%以下。オスのペニスが萎縮。
1988年春	北ヨーロッパ，スウェーデンとデンマークの間のアンホルト島	アザラシの流産した胎児の死骸が打ち上げられていた。のちには成獣の死骸も。11月までに北海全域のアザラシの40%にあたる1万8000頭の死骸。大量死の原因をある科学者は免疫系をおかすウイルスと考えた。
1990年代初頭	地中海	シマイルカの大量死。脂肪のＰＣＢ含有量を調べると，死骸では健康なイルカの2〜3倍であった。
1992年	デンマーク，コペンハーゲン	青年男子の精子の奇形と数の激減が判明。
1996年	アメリカ	シーア＝コルボーンらは，数多くのばらばらな，しかしいずれも外界からの化学物質が動物の生体のホルモン系に影響をあたえている共通点に注目し，異常な事例と関係する科学文献を集約し，“Our Stolen Future”を発表。全米の反響を呼ぶ。
1997年	日本	日本語訳『奪われし未来』発刊。海岸のイボニシ(小型の巻き貝)にメス化がふえるなど，日本においても環境ホルモンによる動物への異変がみいだされる。

境一般の理解に放散させる傾向をもっている。

日本の環境教育は地域の環境破壊に抵抗する公害教育の実践として始まった。一九六〇年代から四日市《よっかいち》における重化学工業操業による大気汚染に反対した教師たちや、三島《みしま》・沼津《ぬまづ》コンビナート建設に反対した教師たちがいた。

一九六〇年代の終りごろから水俣《みなまた》病の発生を題材とする教育が全国各地で行われた。たとえば熊本の田中裕一《ゆういち》教諭は中学校社会科の歴史授業で水俣病を取り上げた。多田勇一《ただゆういち》教諭は「四日市の公害問題」を、吉田三男《みつお》教諭は「新潟水俣病」を教材化した。戸石《といし》四郎教諭は千葉県銚子《ちょうし》市における火力発電所誘致問題反対に取り組み、これを教材化した。また、宮崎県高千穂《たかちほ》町土呂久《とろく》の斎藤正健教諭のように児童の顔色の不健康に注目し、それが鉱毒問題解明のきっかけとなった例もあった。これらの教師たちの研究組織として「環境と公害」教育研究会▲は一九七五(昭和五十)年以来毎年、研究集会を開いてきた。

日本教職員組合(日教組《にっきょうそ》)が日本高等学校教職員組合と合同で開いた一九七一(昭和四十六)年の教育研究会全国集会において「公害と教育」分科会が設けられた。ここでの実践例として、上記の田中教諭のほかに、今村公子《いまむらきみこ》教諭の「公

▼**「環境と公害」教育研究会**　日教組の教育研究集会のなかに、一九七一(昭和四十六)年、公害と教育の分科会が設けられた。ちょうど公害問題が全国に沸き上がっているおりから、同分科会の世話人たちが恒常的な教育研究組織として「公害教育研究会」を組織した。のち、一九八五(昭和六十)年、名称を「環境と公害」教育研究会と改めた。

害のない町づくり」(三重県)、吉田貴美子《きみこ》教諭の「奇形ガエルにみる公害学習」(千葉県)などが発表された。

一方、文部省は一九七七(昭和五十二)年告示の学習指導要領において環境に関する教育を学習内容として盛り込んだ。

さらに文部省は一九九一(平成三)年三月に、環境教育指導資料、中学校・高等学校編を発表した。内容は、「第一章　環境教育の理念」「第二章　一九八九年に告示された学習指導要領の解説」「第三章　実践例」の三章構成であった。

つぎに国際的な動きについてみていこう。

「ベオグラード憲章(環境教育のための地球的規模の枠組み)」は、一九七五年環境教育に関する国際ワークショップで採択された。軍備の撤廃、富の公平な分配など新しい地球規模の倫理が強調されている。

「トビリシ宣言」は一九七七年の第一回環境教育政府間会議において採択された。関心・知識・態度・技能・評価能力・参加の重要性が強調されている。

アジェンダ21「第三六章　教育、意識啓発及び訓練の推進」は、一九九二年の地球サミットで採択された。トビリシ宣言を受け、章のタイトルが示すように持続可能な開発を推進し、環境と開発の問題に対処する市民の能力を高めるうえで、教育が重要な役割を果たすことを強調している。

「テサロニキ宣言」は一九九七年、ギリシアのテサロニキ市で開催された第三回国際環境教育会議において採択された。教育の専門家による第三世界における環境教育の充実を重視した。

法制度の進展

法制度は社会の動きにつねに遅れがちではあったが、環境の保全に関して、それまでになかった法律の制定や旧来の法の改正があり、規制法が強化され、基本法の制定をみるにいたった。

まずは規制法の強化のあとをみてみよう。

大気汚染防止法は一九六八(昭和四十三)年に制定された。前身は一九六二(昭和三十七)年制定の「ばい煙規制法」である。この法律は、一九七〇(昭和四十五)年「経済との調和」条項を削除して改正され、また九六(平成八)年には工場からの有《ゆう》機《き》塩《えん》素《そ》化合物を中心に規制を強化した。

▼**水質保全法**　一九五八(昭和三十三)年に制定された。指定水域が限られていたため、一九六〇〜七〇年代の水質の悪化に対応できず、水質汚濁防止法にかわられた。

▼**工場排水規制法**　一九五八(昭和三十三)年工場を指定して、工場からの排水の水質基準を規定した。指定水域と指定工場が限られていたため、一九六〇〜七〇年代の水質の悪化に対応できず、水質汚濁防止法にかわられた。

▼**騒音の測定方式の改訂**　自動車・列車・航空機の騒音を考えればわかるように、騒音は音が時間的に変化する。だからなにをもって騒音の値とするかは容易ではない。従来は時間的な変化曲線から代表値を求めたが、二〇〇〇(平成十二)年の改訂では音のエネルギーの平均値を用いるようになった。

水質汚濁防止法は一九五八(昭和三十三)年制定の水質保全法▲と工場排水規制法▲に実効がないところから、これらを統合して七〇年十二月に制定された。重金属や有害化学物質などについての健康項目と、有機汚濁物質などについての生活環境項目とからなっている。その後、あらたな汚染物質の出現などにより環境庁は見直しを迫られ、二〇〇〇(平成十二)年五月に最終改正を行った。

騒音規制法は工場騒音・建設騒音・自動車騒音などを対象に一九六八年六月制定された。その後、二〇〇〇年に騒音の測定方式などの改訂▲を行った。

一九九二(平成四)年の地球サミットにおいて、環境基本法をもたない国はOECD諸国のなかでは日本だけ、ということが判明した。さらにこのサミットの「アジェンダ21」は、各国政府が国レベルと各級自治体レベルにおける環境保全の基本方針・計画を制定することを強く要請した。

日本は従来の公害対策基本法▲および自然環境保全法▲を吸収して一九九三(平成五)年十一月に環境基本法を制定した。この基本法に基づき各県・各市における環境基本計画の策定が進行している。

土壌汚染防止法は二〇〇二(平成十四)年に成立した。都市部からの工場の転

▼公害対策基本法　一九六七(昭和四十二)年に制定され、環境基準を具体的に規定している。なお、基準値は一九七三(昭和四十八)年に約二倍に強化された。一九七〇(昭和四十五)年のいわゆる公害国会において、第一条の目的から「経済との調和」条項が削除された。一九九三(平成五)年の環境基本法に吸収された。

▼自然環境保全法　道路建設や埋立てなどで自然環境の破壊が進展するなかで、一九七二(昭和四十七)年の時点で二二の自治体が自然保護条例を制定しており、国の対応が要望されていた。法律は一九七二年に制定され、二〇〇二(平成十四)年改正された。自然環境保全の基本理念を明示し、国による自然環境基礎調査の実施などの基本的事項を定め、原生自然環境保全地域などの指定制度を設けた。

出にともない、跡地のたとえば住宅地建設に際して、工場の操業に由来すると思われる重金属や発がん性物質の汚染があいつぎ、問題化したために社会の関心を呼び、法制化された。

自動車の排気を規制する動きは一九七〇年代の初めから強まった。メーカーにおける排気の浄化対策研究はすでに進行していた。それは輸出先であるアメリカにおいて大気汚染防止として自動車の排気規制法制定の動きがあったからだった。アメリカにおける排気規制法はアメリカの自動車産業の圧力によって、制定が見送られてしまった。途端に日本のメーカーは浄化対策研究を止めようとした。そのころ革新自治体があいついで誕生しており、東京都知事美濃部《みのべ》亮吉《りょうきち》・横浜市長飛鳥田一雄《あすかたいちお》らが中心となって、七つの革新自治体が自動車の排気規制を国に迫った。

メーカーは車のドライバビリティ(操縦性能)が低下し、価格が増大すると抵抗したが、世論の後押しがあり、国も一九七三(昭和四十八)年から排気規制を実施し、しだいに規制を強化した。結果的には乗用車についてみると、総合的な性能は高まり価格も安く国際的な評判がよくなり、輸出が増大することとなった。自動車の貿易摩擦はこの輸出の増大から生じたものである。

トラックやバスなど大型のディーゼル車の排気の浄化は遅れがちであった。硫黄酸化物・窒素酸化物などの排気の規制は乗用車ではおおいに強められ、大型のディーゼル車に対しても以前よりは強化され、それらの物質の汚染は減少したにもかかわらず、都市部や幹線沿道住民の呼吸器疾患の発症は改まらなかった。動物実験の結果、原因がディーゼル車の「微粒子物質▲」にあることが判明してきた。

国も対策を考慮中だが、東京都・神奈川県・千葉県・埼玉県では、二〇〇三(平成十五)年十月から七年前までに登録されたトラック・バスなどの直噴式のディーゼル車に対して、国に先駆けて、かつ国より厳しい基準で排ガス規制を実施している。

海洋汚染防止法は、船舶が投棄する原油・重油・潤滑油などによる海水の汚染を取り締まる法律で、一九七〇年十二月に成立した。

公害防止事業費事業者負担法は、国や自治体が行う公害防止事業の費用を発生源の企業から強制徴収することを決めているが、国会審議で企業に甘すぎる

▼微粒子物質　二ページ参照。

との指摘がなされ、修正のうえ、一九七〇年十二月に成立した。

リゾート法(総合保養地域整備法)は、一九八七(昭和六十二)年に成立した。日本の自然を守るような見せかけで、自然破壊的な開発があいついだため自然破壊を助長していると評判が悪い。従来、開発が制限されていた国立公園地域、水源保安林、農業振興地域に設けられていた規制を、リゾート開発の名目で解除したからであった。

ガラスビン・缶・紙パック・ペットボトルなどのリサイクルを義務づける法律として、容器包装リサイクル法(「容器包装に係る分別収集および再商品化の促進等に関する法律」)が一九九五(平成七)年に成立した。家庭では右の品目を他のゴミから分別し、自治体はこれら分別した物資を収集し、再利用の費用を企業が負担する。企業の責任が小さいこと、自治体の負担が大きいことなどの問題をかかえている。

家電リサイクル法は一九九八(平成十)年五月に成立した。冷蔵庫・エアコン・テレビ・電気洗濯機の四品目の家電製品のリサイクルを義務づけた。施行は二〇〇一(平成十三)年度から。販売時の価格に折り込むべきだという主張も多かったが、廃棄時に消費者が費用を負担することになった。

　循環型社会形成推進法は二〇〇二年に成立した。廃棄物を処分する前に資源化を強調する法律で、再使用・再利用・再生利用などをうたっているが、これらのルートにはずれた廃棄物の処理だけが詳しく指定されている。

自然保護

　ワシントン条約を保証するため、各国は同条約にそった国内法を定めているが、わが国も遅れ馳せながら一九九二(平成四)年に希少生物保護法、通称、種の保存法を制定した。しかしカバーする動植物の種数が少なすぎると自然保護団体は批判している。

「鳥獣《ちょうじゅう》の保護及び狩猟《しゅりょう》の適正化に関する法律」、通称、鳥獣保護法は二〇〇二年に制定、〇三年に改正された。もと一九一八(大正七)年に制定された法律の全面改正である。法律の名称が示すようにもともとは狩猟の適正化法であって、狩猟の獲物である鳥獣を保護する目的のもとにつくられていた。

　野生動物は保護の対象であるよりは、農林業の有害鳥獣であるとの捉え方に立ち、有害鳥獣駆除を規定している。

生物多様性国家戦略は、一九九二年地球サミットで採決された、国連生物多様性条約が規定する国家計画にあたる文書で、九五年に策定された。内容は野生生物に関係がありそうな国内の諸法律を羅列して、日本は生物多様性の保全に万全を期している、という趣旨のもので、「到底《とうてい》、国家計画とはいえない、国際的な恥曝《はじさら》しだ」と自然保護団体の酷評を買った。

五年目に改訂するという同戦略の規定に基づき、二〇〇二年に第二次国家戦略が策定された。策定の過程において、公開の懇談会を開催するなど一定の透明性を示し、里山《さとやま》の保全の重要性を強調するなど改善のあとがみられる。「新生物多様性国家戦略」と呼称される。

環境アセスメント（影響評価）制度

環境アセスメント（影響評価）制度というのは、アメリカが国家環境政策法（NEPA：National Embironmental Policy Act）を一九七〇年に制定したのが始まりである。

日本では一九七二（昭和四十七）年に環境庁が提起し閣議了解となったが、七五（同五十）年の法案の上程に対して財界・産業界から産業の発展を阻害するとの強い反対があり、稔《みの》らなかった。内容を後退させた法案が上程されたのは一九八二(昭和五十七)年、だが八三(同五十八)年審議未了で廃案となる。かわって閣議アセスと称する一九七二年の閣議了解と八四(昭和五十九)年の要綱に基づく手続きが行われた。一九九七(平成九)年六月に現行の環境影響評価法が制定された。一九八三年廃案から一四年ぶりの復活である。

自治体のレベルでは東京都が一九八〇年東京都環境影響評価条例を制定し、約二〇〇件の開発事業に対して条例が適用された。しかし、事業の変更に結びつくような効果はなかった。それは事業の決定後のアセスメントという制約もあった。東京都は事業の計画段階からのアセスの制度を二〇〇二年に導入したが、国は同じ性格の制度を戦略アセスと称して検討中である。

国際会議・国際条約

一九七二年、スウェーデンのストックホルム市において国連人間環境会議が開催された。環境保全をテーマにしたはじめての国連会議であった。先進国における環境破壊の深刻な状況をふまえ、経済成長から環境保護へという主張と、途上国における貧困の解決を求める主張が激しくぶつかった。

▼**閣議アセス**　一九八四年の閣議決定により、道路・ダムや空港など大規模事業に対して環境影響評価の要項を設定した。この要項に基づく環境アセスを俗に閣議アセスと呼んだ。

▼**環境影響評価法**　環境影響評価法はアメリカ合衆国において一九七〇年に実施されたのが、世界の皮切りとなる。国民の要望と環境行政の国際的な進展にともない、国は一九九七(平成九)年に環境影響評価法を成立させた。国の環境影響評価法がなかなか制定されないため、自治体が率先して環境影響評価条例をつくった。東京都の場合は都府県レベルでは最初で、一九八〇(昭和五十五)年のことであった。

▼SD　一九九二年の地球サミットにおいて強調された考え。今も表向きは世界の共通の指導原理となっている。地球サミットの下敷きとなった国連環境特別委員会（日本がその設置を強く提案し、分担金も最高であった）の報告書“Our Common Future”にはじめて提起された。現在の世代と将来の世代が平等に恩恵を受けられるような開発の重要性を指摘した。

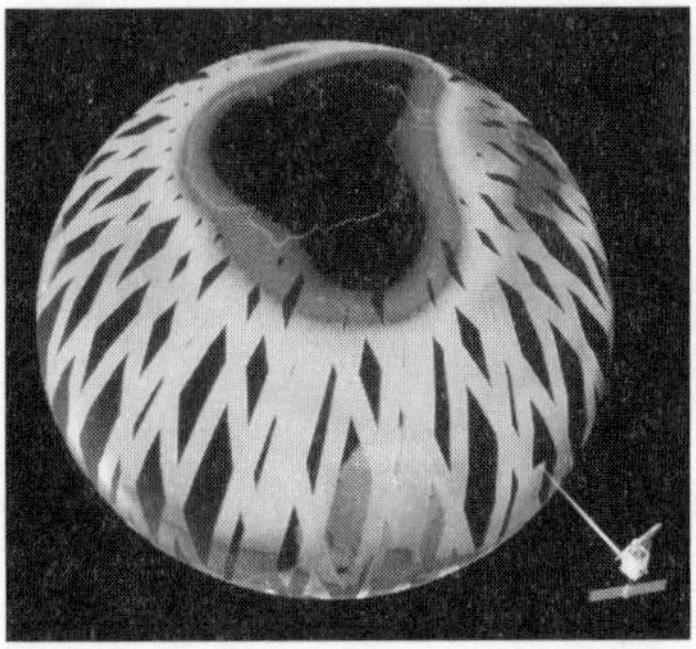

●——オゾンホール（一九九六年）

会議の宣言で強調した「たった一つの地球」は、その後、全世界共通の認識となった。

地球サミット（国連環境開発会議）は、一九九二年、ブラジルのリオデジャネイロ市において開催された。第一回の国連環境会議である人間環境会議から数えて二〇年目にあたる。環境重視の主張と貧困克服の主張は相変わらず対立し、採択された文書の数は、四つと少なかった。宣言のなかの「SD▲（Sustainable Development〈持続可能な開発〉）」はその後の世界の合い言葉となるが、その内容は多義にわたっている。会議はまた、「アジェンダ21（二十一世紀にむけた行動計画）」を採択した。

第三回目の国連環境会議として「国連環境開発会議」が二〇〇二年、南アフリカのヨハネスブルク市において開催された。一九九二年の地球サミットから一〇年という節目の年にあたるが、会議は低調であった。

ワシントン条約は、絶滅のおそれのある野生動植物の国際取引の規制を通じて野生生物の保全をはかろうとする条約で、一九七三年にアメリカのワシントン市において採択された。日本は一九八〇（昭和五十五）年に加入した。

付属書において野生動植物を絶滅の危険度から「原則的に取引の禁止」「産出国の許可を必要とする」など、三つのランクに分けている。この条約の締約国会議は二、三年ごとに世界各地で開催され、日本においては一九八七年第八回締約国会議が京都市で開催された。

ラムサール条約は、とくに水鳥の生息地として国際的に重要な湿地に関する条約で、一九七一年にイランのラムサールで採択され、七五年に発効した。近年の土地開発は、従来、経済的な価値が低いとして見逃されてきた湿地にもおよび、干拓《かんたく》、河道の直線化など陸地の造成を大々的に押し進めた。その結果、水鳥の生活や渡り鳥の渡りの中継地としてかけがえのない湿地が激減した。これに対して水鳥の生息地を確保しようとする条約である。

オゾン層破壊▲を防止する目的で、一九八五年三月にオーストリアのウィーン市で通称ウィーン条約が採択された(一九九八年発効)。この条約の検討時点ではオゾンホールは発見されておらず、予防的な視点に意義がある。

モントリオール議定書《ぎていしょ》は、オゾン層破壊を防止する目的で、一九八五年七月にカナダで決定された国際協約である。フロンガスをオゾン非破壊型に切りか

▼オゾン層破壊　原始地球には遊離酸素(酸素ガス)はなかった。約二五億年前の植物の出現以後、植物の光合成《こうごうせい》によって水が分解され遊離酸素が地球上に溜《た》まるようになった。大気の上層に拡散した遊離酸素は太陽の紫外線によりオゾンを生成し、それが蓄積して上空一〇キロから五〇キロの成層圏《せいそうけん》にオゾン層を形成している。オゾン層によって紫外線が吸収され、約四億年前から植物や動物はそれまでの水中生活(水が紫外線を吸収する)から陸上に進出するようになった。

フロン類の大量の使用によって逸出したフロン類がオゾンを破壊し、一九八〇年代初め、日本の南極観測隊がオゾンの異常減少を発見し、のち、オゾン層に穴が空いていることがわかり、オゾンホールと名づけられた。近年、北極においてもオゾンホールが観測されている。

●──第１回国連人間環境会議（スウェーデン・ストックホルム，1972年）

●──地球サミットのＮＧＯ会場，日本館（ブラジル・リオデジャネイロ，1992年）

●──国連環境開発会議（南アフリカ・ヨハネスブルク，2002年）

える規制プランと、対象となるオゾン破壊物質とその生産削減スケジュールを決定した。

ヘルシンキ議定書は、一九八五年七月、国連欧州経済委員会により採択された。これは工場や自動車から発生する硫《い》黄《おう》排出物▲または越境移動▲を少なくとも三〇%削減することに関する大気汚染条約議定書で、一九八七年に発効した。二〇〇二年時点で二二の国が批准している。一九八〇年時点の硫黄放出量の最低三〇%を九三年までに削減することを定めた。結果として達成されたという。

ソフィア議定書は、国連欧州経済委員会により一九八八年十月に採択された。窒《ちっ》素《そ》酸《さん》化《か》物《ぶつ》またはその越境移動の規制に関する議定書で、一九九一年発効し、二〇〇二年時点で二八の国と機関が批准している。一九九四年末までに窒素酸化物の年間放出量またはその越境移動量が八七年時点の量を上回らない規制、削減措置を要求している。

バーゼル条約は有害廃棄物の国境を越えた移動およびその処分の規制に関する条約で、一九八九年三月に採択され、九二年に発効した。一九八七年、UNEP（国連環境計画）がガイドラインと原則の決定を行い、骨格を用意した。一

▼**硫黄排出物**　亜硫酸ガスのような硫黄酸化物を含む排気。石油や石炭などの燃料に含まれている硫黄が燃焼の際に発生する。呼吸器疾患の原因となり、呼吸困難・ぜんそく・気管支炎などを起こす。

▼**廃棄物の越境移動**　一九八〇年代ヨーロッパ先進国からアフリカへの有害廃棄物の不法輸出があいつぎ、国連は八九年に有害廃棄物の輸出について許可制、事前審査制を決め、不適正な輸出入に対しては政府に引取りの義務を求めたバーゼル条約を採択し、九二年に発効した。日本では、事業者が経済産業省に申請書を提出し、環境省が相手国に確認のためのチェックを行うことにしている。

九八八年ＯＥＣＤは有害廃棄物の定義を決定した。
ロンドン海洋投棄条約は、一九七二年に採択され、七五年発効した。浚渫土《しゅんせつど》や廃棄物などを海洋投棄することを規制しており、二つのランクが付属書に掲げられている。

マルポール条約は船舶による汚染防止のための国際条約で、一九七三年十一月に採択された。石油だけでなく船舶による有害物質の排出などに関する規制を決めている。規制が厳しすぎるとして発効していない。一九七八年に新しい議定書が採択され、規制が行われることになった。

国連海洋法条約は一九八二年に採択され、九四年に発効した。「海の憲法」とも呼ばれる条約である。「海は誰のものでもない」という伝統的な「海洋自由の原則」を変更する内容を含む。環境問題に対しては、「海洋環境の保護及び保全」という部において、汚染防止から資源管理を含む未然防止措置、緊急対応措置、国際協力から紛争解決まで、包括的な規定を設けている。

バイオセイフティ▲に関するカルタヘナ議定書▲は二〇〇〇年一月に採択された。一九九二年の「地球サミット」で採択された「生物多様性条約」には、生物の遺伝

▼バイオセイフティ　二十世紀の終りごろバイオテクノロジー（生物工学、生命工学）は遺伝子の組換えをはじめとして長大な発展をし、おびただしい人工生物を誕生させる。これにともない人工生物が引き起こすかもしれない危害（バイオハザードという）に対する関心が高まり、予防策が論議されている。これをバイオセイフティという。

▼カルタヘナ議定書　地球サミットにおいて採択された生物多様性条約のなかの遺伝子組換え技術に関連して、遺伝子組換え生物の人体および環境に対する安全性を規定した議定書。コロンビアのカルタヘナで採択された。

子利用に関する条項がある。遺伝子利用については遺伝子組換え技術の特許と遺伝子組換え生物に関するもろもろのレベルの安全性が問題となっている。安全性についての取決めがこの議定書である。

エコ表示

環境重視の考えや態度を具体的にあらわす風潮が起こり、「環境にやさしい」が合い言葉となり、「エコ」という呼び名が定着した。

エコマークは、環境庁の考案で、海外の環境ラベルに対応する。商品の製造から廃棄にいたる全段階を通じて環境への負荷の低減をめざして、一九九六年三月基準が改正された。

エコラベルは製品やサービスが環境への負荷の低減を考慮したものであることを示す表示で、消費者による選択を通じて、環境負荷を低減しようとするものである。いくつかの国が実施しており、わが国のエコマークもその一種である。

エコグッズとは、製品の素材・製造過程・廃棄後の始末などが、環境への負荷を低減しているという特徴を強調して消費者にアピールするためにメーカー

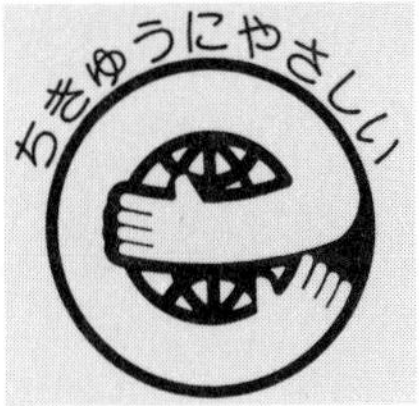

●——エコマーク

が名づけた商品である。

ＩＳＯとは国際標準化機構のことである。非政府機関で、本部はスイスのジュネーヴにある。生産物の品質管理についてのＩＳＯ９０００シリーズは一九八七年に制定され、日本から欧州に輸出する企業にＩＳＯの定める規格取得が要求される。一九九一(平成三)年から提起された「環境管理規格」はＩＳＯ１４００１シリーズと呼ばれ、企業や大学や自治体などが、環境を重視するという宣言を行い、自主・外部監査を通じてＩＳＯから認定を受ける。

二十一世紀の課題

人間社会はながいこと国と国、民族と民族、宗教と宗教などのような人間同士のあいだの軋轢《あつれき》に終始してきた。それは今も克服されていない。人間は生物学的には一つの種である。動物種においては、種と他種とのあいだにはくうかくわれるか、競争などのある意味での軋轢はあるが、種内には人間のような軋轢はない。

二十世紀の後半になって人間は人間同士のあいだの軋轢に加えて、人間と自然のあいだの軋轢を経験し始めた。二十世紀とくにその後半は世界をあげての環境破壊・環境劣化の時代であった。その傾向はまだ克服されたとはいいがたいが、同時に二十一世紀は平和の確保とならんで環境問題の克服が課題であるという意識が多くの人の頭にある。

それにもかかわらず克服の具体的な方向はみえていない。その原因の第一は財界が本当に環境問題の重要さに気づかず、経済の大きな成長志向をもっていること、これに政治が追随しているところにある。私たち一般市民も一部自覚した人を除き、全体としては便利さ・安楽さにどっぷりとつかって、財界・政治の誤りを是認しているところがある。

ところで環境問題だけを取りだして、環境の保全や回復をまっとうできないことは、すでに気づかれ始めている。平和の実現と持続、民族差別問題、宗教対立問題、先進・途上国間の経済・文化の格差問題、男女差別問題、などなどの社会的な問題の解決へ向けての前進があって、はじめて環境問題の克服があるだろう。

さて、二十一世紀の目標はＳＤ（Sustainable Development〈持続可能な開発〉）の実現にあったはずである。しかしＳＤは今のところ達成されていないし、その見込みも事実上あやうい。世界をあげて経済の大成長の実現をめざしているのが実態である。実はかりにＳＤが実現できたとしても、ＳＤは人間社会のなかの事柄であって、ＳＤの陰で野生生物界が圧迫を受けないという保証はない、ということを肝に銘じておく必要がある。

人間の目標は人間と自然の保全にこそあるべきだろう。

自然における人間の位置について極端に対立する見方がある。一つは人間は自然の失敗作であり、野生生物をしいたげ、自然を破壊するのは人間であり、人間がいなければ自然は平和であるとする人間否定の見方である。

他は人間を万物《ばんぶつ》の霊長《れいちょう》として人間を別格視し、優越視する見方である。後者はしばしばキリスト教によるとされるが、筆者は人間のこの思い上がった見方は資本主義社会になってからの思想と考える。オーストラリアの哲学者パスモアが説くように従来のユダヤ教やキリスト教には、神の意志にそって自然を手当てするスチュワード精神▲がよく具わっていた。

資本主義社会特有の早い者勝ち、優勝劣敗、弱肉強食の思想が、自然に対する横暴な態度を増長させたものと筆者は考える。

ちなみに一部の識者《しきしゃ》までが迂闊《うかつ》に、動物の世界は弱肉強食というが、弱肉強食は資本主義社会特有の現象であって、動物の世界には弱肉強食はない。弱肉

▼スチュワード精神　スチュワーデスといえば航空機の女性の客室乗務員としてよく知られた日本語であろう。スチュワードは言葉の形は男性形で、スチュワーデスと同様、相手の世話をすることである。イギリス紳士の古くからのモットーで、神にかわって土地の世話をする意味。管理とは違うところが重要。

強食の例をあげよと問うてみるがいい。か弱い子兎《うさぎ》や子羊《ひつじ》を獰猛《どうもう》な狼や虎がくう、と答えるだろう。重ねて問うてみるがいい。子兎や子羊が草をくうさまをなんと思うか、と。平和のシンボルと答えるだろう。動物は他の決まった生物をくうことで生きている。食い物がなければ動物は死んでしまう。今日、小学生でも知っている事実である。

資本主義社会においては、人はおのれの行動を免罪《めんざい》するため、動物に弱肉強食の冤罪《えんざい》をかけているのだ。

二十一世紀は自然と共生《きょうせい》の時代だと、これまた、多くの識者がいう。共生とはもともと生物学の用語で、その実態は生活要求について相手と五分と五分というまことに窮屈な関係である。ギブアンドテイクが正確に要求される関係である。人間が自然に対してそれでたえられるとは考えられない。

生物学の用語ではない、文字どおり共に生きることだ、という識者もいるが、共に生きることの中身をまともに考えれば、相手と五分と五分の関係に行き着かざるをえない。要するに言葉の雰囲気だけの共生なのだ。

筆者は共存である、と考える。共存でも至難の業なのだが、今日までの自然という相手の立場を考えないのではなくて、人間の行為が自然に対していかなる負荷をあたえているかを、たえず監視し、反省し、修正していくことであろうと考える。

ところで一部の自然保護論者のように、何故、人間を否定しないでその存在を認めるのか。

それは人間を自然の歴史においてとらえようとするからである。生物進化を含む自然の歴史において人間の位置を見定めたいからである。

宇宙論の説くところによれば、太陽系は銀河系《ぎんがけい》宇宙の一部として歴史的に形成された。地球は太陽系の一惑星としておよそ四五億年前に形成された。太陽からの距離と多量の水の存在によって、約三〇億年前に地球に生物が誕生し、約五億年前以来急速に体制を複雑化させる。約四億年前には体の中央に神経系を集約させた脳・脊髄《せきずい》神経系を獲得する。

陸上に進出した脊椎動物のなかの哺乳類に属する霊長類（サルの仲間）から人類が生まれてくる。

自然とは宇宙の始まり、太陽系の形成、生物の進化といったこの間の出来事の一切である。人類はまさに自然の歴史的な発展における一つの段階の産物といえるであろう。

大脳を発達させた人類は、宇宙の構造、宇宙の歴史、自分の生い立ちを認識している。人類が自然であってみれば、人類の認識は自然の自己認識にほかならない。ビッグ・バンに始まる壮大な宇宙の歴史、恒星《こうせい》の誕生も恒星の終末も恒星らには認識はない。もちろん、広大な宇宙にはほかに高度な精神をもった生物がいることを否定するものではないが、今のところ、人類だけが自然の姿を認識している。

自然はその歴史的な発展の現段階において、みずからを認識することのできる「思考する精神（人間）」を生み出したのである。ここに人間を否定できない根拠がある。

さて、人間のもつ思考する精神とは人間独自の発明ではない。思考する精神が宿る大脳の新皮質と呼ばれる部分は人類になってから発達するが、脳自体は脊椎動物が獲得した脳・脊髄神経系という中枢神経系の頭端の器官である。節《せっ》足《そく》動物などが獲得した梯子《はしご》状神経系と呼ばれる中枢神経系がある。その体側に二本ある太めの神経を体の中心に合体させた形の原索《げんさく》動物（ナメクジウオなど）が獲得し、魚類に受け継がれたものらしい。

　サカナをみればよくわかるように頭部の頭骨のなかに小さな脳があり、頭骨につながる脊椎のなかを脊髄が走っている。この中枢神経系によって魚類・両棲類・爬虫類・鳥類・哺乳類など脊椎動物は華麗な生活様式を展開させている。ところで、脊椎動物一般の脳は体の大きさに較べて小さい。哺乳類になって脳はやや大きくなるが、頭が体の先端にあるため、頭の重さを支えるという制約をまぬがれえない。

　脳の発達はほぼ一〇〇〇万年前の大型の霊長類のブランキング（前肢による枝下がり移動）によって可能となった。すなわち、ぶらさがりによって体位が垂直に保たれた結果、比較的細い首に大きな頭を支える可能性を生じ、大脳発達の素地があたえられた。

　人類の眼は大脳の働きのうえで大きな役割をもち、しかも色覚をもつ意義が大きいが、それは霊長類に共通の能力である。

　このほかにも祖先の動物が獲得した器官や能力が人類の形体・能力を形づく

っている例は数多くある。実に思考する精神が生み出されるまでに、幾多の動物の形質が遺産ともいうべき形で人類に遺伝されたのである。

以上のことからすれば、私たち人間は魚類・両棲類・爬虫類・鳥類・哺乳類が存在したことに畏敬《いけい》の念をいだかざるをえないのではあるまいか。そして今も存在していることに同類としての親近感をいだかざるをえないのではあるまいか。

さて、その人間はこれらのあらゆる動物を消費して生活を成り立たせている。まさに彼らに支えられて人間としての生をまっとうさせている。

彼ら、魚類・両棲類・爬虫類・鳥類・哺乳類の生存、言い換えれば野生動物の自前による生活の保証をはかることは、人間の当然の責務ではないだろうか。野生動物の自前による生活の破壊は彼らのハビタート（生息場所）の破壊による。そしてハビタートの破壊はもっぱら人間の一部の利潤追求の開発によって引き起こされている。

原発設置・火発設置・ダム建設・埋立て・道路建設・農地造成・宅地造成・ゴルフ場造成などなどの開発事業が、場合によっては公共の名のもとに、実態は一部の政治家・官僚・建設業者・土地所有者などの利益獲得のためになされてきた例はあまりにも多い。開発のこのような実態を多くの人びとが認識し、野生動物の保全こそを公共事業とするような対応が急務となるだろう。

ついでにいえば、野生植物の保全は動物のハビタートが保全されれば、大方は同時に保全されるであろう。

●—写真所蔵・提供者一覧(敬称略, 五十音順)

OPO　p. 53
国立国会図書館　p. 31上
佐野市郷土博物館　p. 31下右・左
仙田直人　p. 23
WWF ジャパン・木村しゅうじ(イラスト)　p. 47
PANA 通信社　p. 6, 27上左・中・下, 29, 78, 80
Bruce Coleman/PPS　カバー裏
ユニフォトプレス　カバー表上・下, p. 5右
毎日新聞社　扉, p. 18, 25, 27 上右

関西唯物論研究会編『環境問題を哲学する』文理閣, 1995年
尾関周二編『環境哲学の探究』大月書店, 1996年
岩佐恵美『ごみ問題こうして解決』合同出版, 2001年
尾関周二編『エコフィロソフィーの現在』大月書店, 2001年
ATT 流域研究所編『市民環境科学の実践』けやき出版, 2003年

道路公害反対運動全国連絡会編『くるま優先から人間優先の道路へ』文理閣, 1999年
矢吹紀人『あの水俣病とたたかった人びと』あけび書房, 1999年
篠原義仁『自動車排ガス汚染とのたたかい』新日本出版社, 2002年

②— 野生生物の消滅

C. S. エルトン, 川那部浩哉ほか訳『侵略の生態学』思索社, 1971年
L. カウマン・K. マロリー編, 宋貞淑・永戸豊野訳『最後の絶滅』地人書館, 1990年
日本自然保護協会編『野生生物保護』日本自然保護協会, 1991年
P. R. エーリック, 戸田清ほか訳『絶滅のゆくえ』新曜社, 1992年
橘川次郎『なぜたくさんの生物がいるのか？』岩波書店, 1995年
鷲谷いづみ・矢原徹一『保全生態学入門』文一総合出版, 1996年
羽山伸一『野生動物問題』地人書館, 2001年

③— 社会の進展

ルネ＝デュボス, 野島徳吉ほか訳『人間であるために』紀伊國屋書店, 1970年
ドネラ＝H. メドウズほか, 大来佐武郎監訳『成長の限界』ダイヤモンド社, 1972年
ルネ＝デュボス, 長野敬・新村朋美訳『内なる神』蒼樹書房, 1974年
渋谷寿夫『自然と人間』法律文化社, 1978年
華山謙『環境政策を考える』岩波新書, 1978年
宮川中民『エコロジズムの展開』現代の理論社, 1981年
高木仁三郎『いま自然をどうみるか』白水社, 1985年
林智ほか『サステイナブル・ディベロップメント』法律文化社, 1991年
レイチェル＝カーソン, 上遠恵子訳『センス・オヴ・ワンダー』佑学社, 1991年
T. エバーマン・R. トランペルト, 田村光彰ほか訳『ラディカル・エコロジー』社会評論社, 1994年
キャロリン＝マーチャント, 川本隆史ほか訳『ラディカル・エコロジー』産業図書, 1994年
サステイナブル・ソサエティ全国研究交流集会編『サステイナブル・ソサエティ全国研究交流集会記念論文集』1994年

●—参考文献

B. コモナー, 安部喜也・半谷高久訳『なにが環境の危機を招いたか』講談社, 1972年
アメリカ環境問題諮問委員会・国務省編, 逸見謙三・立花一雄監訳『西暦2000年の地球』家の光協会, 1980年
本谷勲編『変貌する環境』三省堂, 1988年
石弘之『地球環境報告』岩波新書, 1990年
内嶋善兵衛『ゆらぐ地球環境』合同出版, 1990年
本谷勲『地球環境問題読本』東洋書店, 1992年
本谷勲ほか編『新版環境教育事典』旬報社, 1999年
日本科学者会議公害環境問題研究委員会編『環境展望』1・2・3, 実教出版, 1999・2002・03年
日本科学者会議編『環境問題資料集成』旬報社, 2003年

①— 汚染の拡大

レイチェル=カーソン, 青木梁一訳『生と死の妙薬』新潮社, 1964年(1987年改題『沈黙の春』)
宇井純『公害の政治学』三省堂, 1968年
半谷高久『公害の克服』三省堂, 1970年
丸尾博『公害にいどむ』新日本新書, 1970年
田尻宗昭『四日市・死の海と闘う』岩波新書, 1972年
丸尾博ほか『大気汚染と健康』新日本新書, 1972年
庄司光・宮本憲一『日本の公害』岩波新書, 1975年
柴田市子『生野イタイイタイ病』神崎書店, 1977年
福岡県自治体問題研究所編『水の博物誌』合同出版, 1979年
大気汚染測定運動東京連絡会編『汚れた空気』新草出版, 1987年
小林勇『恐るべき水汚染』合同出版, 1989年
中西準子『水の環境戦略』岩波新書, 1994年
畑明郎『イタイイタイ病』実教出版, 1994年
「熊本県民医連の水俣病闘争の歴史」編集委員会編『水俣病—ともに生きた人びと』大月書店, 1997年
水俣病被害者・弁護団全国連絡会議編『水俣病裁判』かもがわ出版, 1997年

日本史リブレット63
歴史《れきし》としての環境問題《かんきょうもんだい》
2004年 8 月25日　1 版 1 刷　発行
2018年 9 月25日　1 版 3 刷　発行
著者：本谷《もとたに》　勲《いさお》
発行者：野澤伸平
発行所：株式会社 山川出版社
〒101－0047　東京都千代田区内神田 1 －13－13
電話　03(3293)8131(営業)
03(3293)8134(編集)
https://www.yamakawa.co.jp/
振替　00120-9-43993
印刷所：明和印刷株式会社
製本所：株式会社 ブロケード
装幀：菊地信義

Printed in Japan ISBN 4-634-54630-2

日本史リブレット　第Ⅰ期【全68巻】

1. 旧石器時代の社会と文化――白石浩之
2. 縄文の豊かさと限界――今村啓爾
3. 弥生の村――武末純一
4. 古墳とその時代――白石太一郎
5. 大王と地方豪族――篠川　賢
6. 藤原京の形成――寺崎保広
7. 古代都市平城京の世界――舘野和己
8. 古代の地方官衙と社会――佐藤　信
9. 漢字文化の成り立ちと展開――新川登亀男
10. 平安京の暮らしと行政――中村修也
11. 蝦夷の地と古代国家――熊谷公男
12. 受領と地方社会――佐々木恵介
13. 出雲国風土記と古代遺跡――勝部　昭
14. 東アジア世界と古代の日本――石井正敏
15. 地下から出土した文字――鐘江宏之
16. 古代・中世の女性と仏教――勝浦令子
17. 古代寺院の成立と展開――岡本東三
18. 都市平泉の遺産――入間田宣夫
19. 中世に国家はあったか――新田一郎
20. 中世の家と性――高橋秀樹
21. 武家の古都、鎌倉――高橋慎一朗
22. 中世の天皇観――河内祥輔
23. 環境歴史学とはなにか――飯沼賢司
24. 武士と荘園支配――服部英雄
25. 中世のみちと都市――藤原良章
26. 戦国時代、村と町のかたち――仁木　宏
27. 破産者たちの中世――桜井英治
28. 境界をまたぐ人びと――村井章介
29. 石造物が語る中世職能集団――山川　均
30. 中世の日記の世界――尾上陽介
31. 板碑と石塔の祈り――千々和到
32. 中世の神と仏――末木文美士
33. 中世社会と現代――五味文彦
34. 秀吉の朝鮮侵略――北島万次
35. 町屋と町並み――伊藤　毅
36. 江戸幕府と朝廷――高埜利彦
37. キリシタン禁制と民衆の宗教――村井早苗
38. 慶安の触書は出されたか――山本英二
39. 近世村人のライフサイクル――大藤　修
40. 都市大坂と非人――塚田　孝
41. 対馬からみた日朝関係――鶴田　啓
42. 琉球の王権とグスク――安里　進
43. 琉球と日本・中国――紙屋敦之
44. 描かれた近世都市――杉森哲也
45. 武家奉公人と労働社会――森下　徹
46. 天文方と陰陽道――林　淳
47. 海の道、川の道――斎藤善之
48. 近世の三大改革――藤田　覚
49. 八州廻りと博徒――落合延孝
50. アイヌ民族の軌跡――浪川健治
51. 錦絵を読む――浅野秀剛
52. 草山の語る近世――水本邦彦
53. 21世紀の「江戸」――吉田伸之
54. 近代歌謡の軌跡――倉田喜弘
55. 日本近代漫画の誕生――清水　勲
56. 海を渡った日本人――岡部牧夫
57. 近代日本とアイヌ社会――麓　慎一
58. スポーツと政治――坂上康博
59. 近代化の旗手、鉄道――堤　一郎
60. 情報化と国家・企業――石井寛治
61. 民衆宗教と国家神道――小澤　浩
62. 日本社会保険の成立――相澤與一
63. 歴史としての環境問題――本谷　勲
64. 近代日本の海外学術調査――山路勝彦
65. 戦争と知識人――北河賢三
66. 現代日本と沖縄――新崎盛暉
67. 新安保体制下の日米関係――佐々木隆爾
68. 戦後補償から考える日本とアジア――内海愛子

〈すべて既刊〉

第Ⅱ期【全33巻】

69. 遺跡からみた古代の駅家
70. 古代の日本と加耶
71. 飛鳥の宮と寺
72. 古代東国の石碑
73. 律令制とはなにか
74. 正倉院宝物の世界
75. 日宋貿易と「硫黄の道」
76. 荘園絵図が語る古代・中世
77. 対馬と海峡の中世史
78. 中世の書物と学問
79. 史料としての猫絵
80. 寺社と芸能の中世
81. 一揆の世界と法
82. 戦国時代の天皇
83. 日本史のなかの戦国時代
84. 兵と農の分離
85. 江戸時代のお触れ
86. 江戸時代の神社
87. 大名屋敷と江戸遺跡
88. 近世商人と市場
89. 近世鉱山をささえた人びと
90. 「資源繁殖の時代」と日本の漁業
91. 江戸の浄瑠璃文化
92. 江戸時代の老いと看取り
93. 近世の淀川治水
94. 日本民俗学の開拓者たち
95. 軍用地と都市・民衆
96. 感染症の近代史
97. 陵墓と文化財の近代
98. 徳富蘇峰と大日本言論報国会
99. 労働力動員と強制連行
100. 科学技術政策
101. 占領・復興期の日米関係

〈白ヌキ数字は既刊〉